...YCLOPÉDIE A.L. GUYOT

H. de GRAFFIGNY

LE
MENUISIER
AMATEUR

92 Figures explicatives

PARIS

20, Rue des Petits-Champs

Algérie, Colonies et Étranger : 35 fr.

(Port en plus)

30ᶜ

825

LE MENUISIER AMATEUR

LE MENUISIER AMATEUR

PAR

H. de GRAFFIGNY

---

92 Figures explicatives

PARIS

Collection A.-L. GUYOT

20, Rue des Petits-Champs, 20

LE MENUISIER AMATEUR

CHAPITRE PREMIER

LES TRAVAUX DE L'AMATEUR

Dans un précédent volume de *La Collection Guyot* (1), nous avancions l'idée qu'il était plus agréable et certainement plus intéressant de consacrer ses moments de loisir à entreprendre un ouvrage quelconque ayant pour but l'amélioration ou l'embellissement de l'intérieur de l'habitation plutôt que de s'adonner à d'interminables parties de cartes en buvant des alcools frelatés. En effet, un objet que l'on a fabriqué soi-même de ses mains, présente toujours, pour son possesseur une plus grande valeur que le même objet, cependant beaucoup mieux fini et plus parfait acheté dans un magasin. Il revient aussi bien moins cher, et l'on peut ainsi orner son chez soi d'une foule de spécimens de son habileté, plus ou moins utiles, et devant l'achat desquels on

____

(1) *Petit Manuel de travaux d'amateurs.*

eût fréquemment reculé. C'est ainsi que, pour notre part, sans avoir jamais fait d'apprentissage d'aucun métier manuel, nous avons pu construire une quantité d'ustensiles usuels et d'appareils de toute sorte, dont nous avons décrit l'agencement en cours de précédents volumes, auxquels nous renverrons le lecteur désireux d'avoir des renseignements détaillés (2).

La pratique des travaux manuels présente encore d'autres avantages d'un ordre différent : ces travaux inspirent l'ordre, la méthode, l'économie et développent le goût et le sentiment artistique de l'opérateur. Lorsqu'on est parvenu à acquérir par la pratique un peu d'habileté dans un genre donné de travail, on en retire d'heureux résultats, car, avec le même budget, on peut accroître son confort et réaliser bien des améliorations dont on devrait se passer si l'on était dans l'obligation de faire appel à la main-d'œuvre étrangère si coûteuse. Que d'utiles compléments on peut ajouter à l'appartement, au jardin, sans parler des bibelots de toute espèce, qui ont aussi leur agrément et ont aux yeux de leur fabricant l'inappréciable avantage d'être l'ouvrage de ses mains ! Pour notre part, nous avons réussi à établir ainsi de nombreux petits meubles de toute espèce : des étagères, une bibliothèque, un jeu de tonneau, des ruches, des cages, un théâtre de marionnettes avec tout son matériel, un petit pressoir, des batteries de piles

---

(2) *Le Petit Constructeur Electricien*, 1 vol., 3 fr., Desforges éditeur. — *Les Industries d'amateurs* (2e édition), J.-B. Baillière et fils. — *Le Constructeur de petits appareils aériens*, Desforges, etc.

électriques, un générateur d'acétylène et une foule d'autres menus objets. Et notre conviction est que chacun peut, tout aussi bien que nous l'avons fait, réussir dans des entreprises analogues.

Les travaux d'amateurs ne ressemblent d'ailleurs en rien aux ouvrages que l'on exécute dans un atelier où il faut produire rapidement, en toute perfection et au meilleur marché possible. Chez soi, loin de tout patron et sans qu'on ait l'obligation de fournir rapidement une tâche déterminée, on peut en prendre à son aise et se proposer un but quelconque, puisqu'on n'est pas limité par le temps. Evidemment, il faudra une certaine patience pour mener à bonne fin l'œuvre entreprise ; il y a, dans la pratique de tous les arts, de tous les métiers, une période d'apprentissage plus ou moins longue, selon l'habileté naturelle dont on est doué. Il faut bien apprendre à se servir d'outils dont, auparavant, l'usage était peu connu et acquérir, petit à petit, par l'exercice répété, la dextérité voulue permettant de conduire à achèvement parfait l'ouvrage commencé. Il ne faut pas vouloir aller trop promptement ni espérer réaliser du premier coup des chefs-d'œuvre impeccables, comme voudraient le faire nombre de débutants ; au contraire, il faut commencer par les opérations les plus simples, et ne passer à de plus compliquées que lorsqu'on sait conduire parfaitement ses outils et que l'on a surmonté les difficultés inhérentes à tout début. Or, le principal défaut de la plupart des néophytes est de vouloir finir tout trop vite, presque avant d'avoir commencé, et de penser que les outils doivent agir tout seuls. C'est là une grave erreur et la source de tels mécomptes qu'impatienté on envoie au diable l'ouvrage commencé sans se rappeler qu'il faut être apprenti avant de devenir maître.

Dans le présent ouvrage nous rappellerons, en nous référant à notre expérience personnelle, les principes qu'il convient de suivre pour les travaux mettant en œuvre une matière dont les emplois sont innombrables : le bois, qu'il s'agisse de vulgaire bois blanc ou de bois des îles tels que ceux usités pour les ouvrages d'ébénisterie de luxe. Bien entendu, le débutant ne devra utiliser que des produits de la première catégorie, car il doit s'attendre à gâcher plus d'un morceau avant de savoir manier correctement la scie, le rabot et les différents outils du menuisier. Le mieux sera, avant d'oser entreprendre la fabrication d'un meuble quelconque, de s'exercer à reproduire les opérations fondamentales de la menuiserie jusqu'à ce que l'on ait parfaitement compris le maniement des outils et que l'on sache les conduire convenablement. Voici d'ailleurs la meilleure méthode de procéder méthodiquement, en partant du plus simple pour aller au plus difficile.

Voici donc quelques exercices préparatoires, analogues à ceux que l'on fait répéter dans certaines écoles aux élèves des cours de travail manuel. Les matériaux sont de simples morceaux de bois brut, des branches non écorcées, mesurant 20 centimètres de longueur et 2 centimètres au plus de diamètre, ou des réglettes de la même longueur et 1 à 2 centimètres de côté. Quant aux outils, un simple couteau, pourvu qu'il coupe bien, suffira.

Le premier exercice consiste à équarrir la

branche, représentant un tronc d'arbre, c'est-
à-dire à transformer ce bois rond en un petit
madrier de section carrée ou rectangulaire,
présentant quatre faces planes (Fig 1 et 2). Le
cylindre deviendra ainsi une règle carrée qu'il
faudra s'efforcer de rendre aussi droite que
possible sur chacun de ses côtés. On s'assurera
du résultat en traçant des lignes sur un papier
avec cette règle ; au cas où ces lignes seraient
irrégulières, on observerait à quels endroits de
la règle correspondent ces défectuosités, que
l'on chercherait à faire disparaître par une
retouche convenable.

Avec des morceaux de bois rond ou des fragments de sapin débités d'avance en petits paral-
lélipipèdes de section carrée, mesurant une

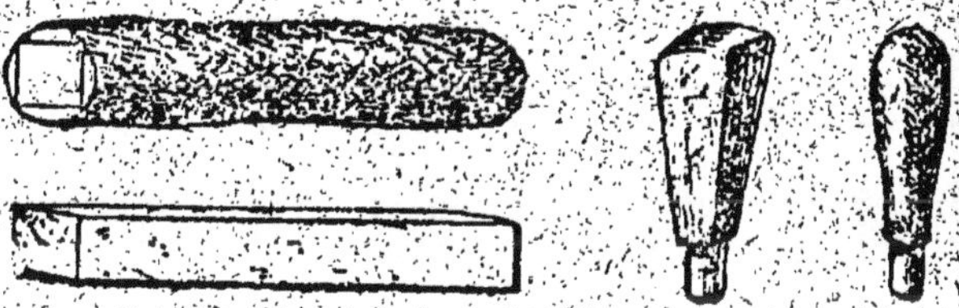

Fig. 1 à 4. — Morceau de bois brut — Le même une fois
équarri — Manches d'outil carré et rond.

dizaine de centimètres de longueur et trois à
quatre de côté, on s'exercera ensuite à tailler
des prismes à base carrée, triangulaire, hexa-
gonale, des cônes, des pyramides à base triangulaire ou carrée, etc. Lorsque, à la suite de
ces exercices préliminaires, on aura acquis un
peu plus de sûreté de main, on s'essaiera à
fabriquer un manche d'outil en forme de

trone de pyramide surmontée d'une partie cylindrique, ou en forme d'olive allongée (Fig. 3 et 4). On abordera ensuite, toujours en se servant d'un couteau comme unique outil, la fabrication d'objets arrondis, par exemple une quille, une bouteille, une colonne terminée à sa partie inférieure par un fût cylindrique ou base et surmontée d'un chapiteau à quatre faces ou pyramidal, enfin de pièces diverses :

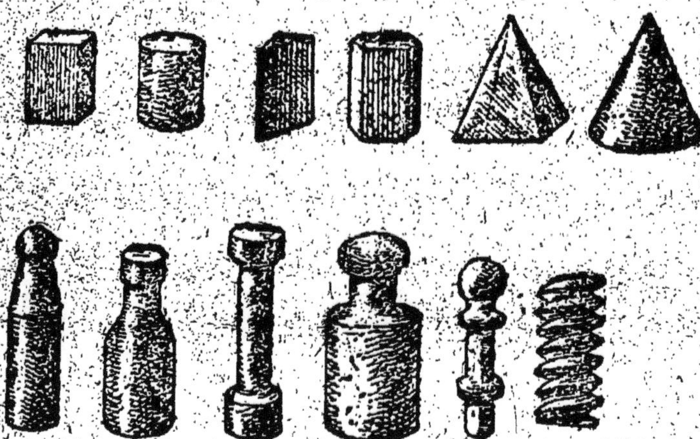

Fig. 5 à 16 — Solides de formes diverses, pour s'exercer à travailler le bois.

cylindre coiffé d'une sphère, ou entouré d'une bague, vis à filets triangulaires ou colonnes torses, etc. Les fig. 5 à 16 représentent des échantillons de ces objets.

En taillant une branche de 25 centimètres de longueur, on arrivera à fabriquer un couteau à papier ou des ébauchoirs de forme variée pour le modelage. Dans ce dernier

cas, le bois employé devra être assez dur
et susceptible de prendre un beau poli : le
buis, le poirier, le cornouiller, conviennent par-
ticulièrement à cet usage.

Voici maintenant quelques exemples de
constructions nécessitant des assemblages
identiques à ceux usités par les menuisiers et
les charpentiers : on prend d'abord un morceau de réglette mesurant 0 m. 19 de long sur
0 m. 02 de largeur et d'épaisseur, de 4 en

Fig. 17. — Réglette entaillée.

4 centimètres, on pratique des entailles d'un
centimètre de profondeur (Fig. 17). Cela fait,
on coupe trois réglettes de 0 m. 10 de haut,
0 m. 03 de large et 1 centimètre d'épaisseur,
dont on enfonce les extrémités dans les entailles, en s'arrangeant de façon que ces réglettes soient bien perpendiculaires à la réglette
entaillée et parfaitement parallèles. En retour-
nant cette construction, la réglette en dessus
(fig. 20), on a la représentation en petit d'une
clôture dont les montants se trouvent assemblés avec la lisse par *tenon* et *mortaise*. Nous
reviendrons plus loin sur ces termes.

Si, au lieu de réglettes plates, on prend des
morceaux de bois ronds ou rectangulaires de
0 m. 15 de haut, et que l'on pratique sur ces
pièces deux entailles situées à la même hau-

teur de chaque côté, de façon à ne laisser
qu'une partie centrale pleine avec deux entailles latérales de forme quadrangulaire, on
pourra réunir ces pièces à l'aide de réglettes
plates présentant une largeur et une épaisseur
juste égale à la largeur et à la profondeur de
ces entailles. Les réglettes s'emboîtent dans
les cavités ménagées à droite et à gauche de
chaque montant, et ce mode de liaison, dit par
moises est très solide. Avec un certain nombre
de montants taillés selon les principes qui
viennent d'être exposés, et des moises de la
longueur voulue, on peut établir des barrières
ou des palissades très suffisantes. Ce procédé
de construction est employé par les charpentiers pour réunir les extrémités des pieux que
l'on enfonce dans le lit des rivières pour sou-
tenir des piles des ponts en bois, et dans nom-

Fig. 18. — Assemblage à l'aide de moises.
A. Élément de la construction.

bre d'autres circonstances. Les moises sont
associées ensemble et reliées aux poteaux verticaux par des boulons (Fig. 18).

Avec des réglettes plates, on peut encore construire une échelle en réduction en recourant à divers procédés d'assemblage, dont voici quelques exemples (Fig. 19, 20 et 21).

On prend deux réglettes de 0 m. 20 de long et l'on pratique, de 4 en 4 centimètres des entaille de ½ centimètre de large, entailles qui

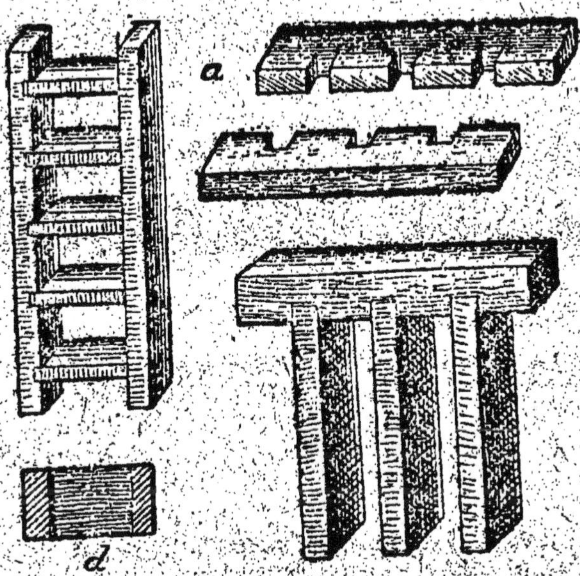

Fig. 19 à 21 — Échelle — d. Plan — Montants de l'échelle — Autre assemblage.

se font à la fois dans les deux morceaux de bois que l'on superpose. On prépare ensuite quatre traverses de 3 centimètres de long et un ½ centimètre de largeur et d'épaisseur, dont on engage les extrémités dans les entailles des montants, lesquels sont disposés en regard l'un de l'autre à la distance convenable. Toutefois ce mode d'assemblage ne possède aucune solidité, et on est obligé, pour le consolider, de le coller, de le clouer, ou encore de tailler l'extrémité des échelons en *queue d'hironde*, procédé d'assemblage qui sera décrit en détail un peu plus loin.

L'échelle, au lieu d'être droite, ce qui, en réalité rendrait son usage des plus mal commodes, surtout si les échelons présentent une certaine largeur, peut être oblique, et ses montants au lieu d'être parallèles, vont en s'écartant de plus en plus depuis le sommet jusqu'au pied, mais alors, pour pouvoir être placée dans sa position normale, elle doit être pourvue d'un troisième point d'appui ou d'une jambe de force, ordinairement montée à charnières, de manière à pouvoir se rabattre à volonté.

Si les échelons sont constitués par de simples barreaux, leur logement dans les deux montants devra être creusé avec une vrille assez forte. Les deux extrémités de ces barreaux seront légèrement diminués de diamètre afin de pénétrer sans difficulté, simplement à frottement dur, dans les trous qui leur seront destinés, et où on les force. On garnit d'abord un montant de tous ses barreaux, que l'on enfonce bien verticalement, de manière à leur assurer un parallélisme parfait, puis on applique les ouvertures de l'autre montant en face des extrémités libres de chaque barreau ; une fois ceux-ci entrés, le montage est achevé (Fig. 22).

Au lieu de barreaux ronds, on peut faire usage de marches plates. L'inclinaison à donner aux montants lorsque l'échelle est en place étant connue, on trace la place que

devront occuper ces marches ; les entailles ne
seront donc plus perpendiculaires au montant,
mais plus ou moins obliques (Fig. 23), par rapport à l'arête de celui-ci. Là encore la solidité

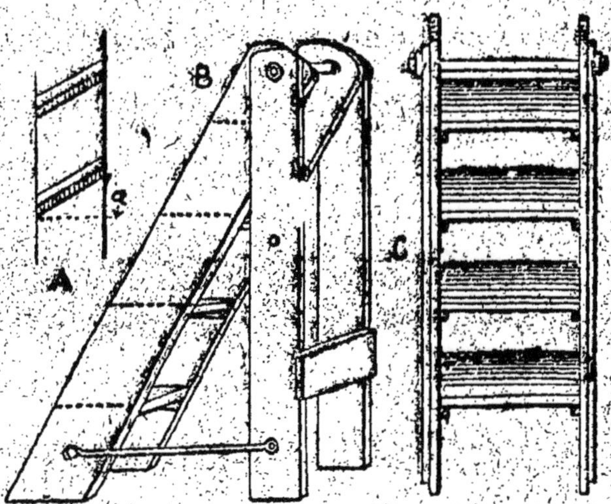

Fig. 22. — Marchepied — *B*. Élévation de côté.
C. Vue de face.
Fig. 23. — *A*. Inclinaison des marches.

de l'assemblage, au cas où, pour une raison
quelconque, les montants viendraient à s'écarter l'un de l'autre, est également fort aléatoire,
et on ne peut l'assurer que par le clouage, le
collage à la colle-forte ou la taille des marches
en biseau ou en queue d'hironde, ce qui montre
l'utilité que présente une connaissance parfaite des différentes méthodes d'assemblage
des pièces.

En suivant des procédés analogues, il est
facile de reproduire une foule d'objets du

même genre. Ainsi, pour fabriquer une petite
table rustique simplement à l'aide de ces
mêmes baguettes de bois ronds, de 1 centimètre
de diamètre, on prend deux morceaux de
30 centimètres de long que l'on applique l'un
contre l'autre, puis on y pratique, dans tous
les deux à la fois, une série d'entailles très
rapprochées. Sous la face opposée, et à 1 centimètre de chaque extrémité, on taille également des cavités où viendront se loger quatre
montants de même grandeur tous et faisant

Fig. 24. — Table rustique.

office des pieds de la table. Dans les entailles
de la face supérieure viennent s'appliquer des
réglettes de longueur convenable devant constituer le dessus ou plateau de la table, qui
sera ainsi à clairevoie (Fig. 24).

Tous les ouvrages dont la fabrication vient
d'être expliquée peuvent être exécutés soit
avec des petits rondins ou bûchettes, soit avec
des bouts de règle de sapin, de section carrée ou
rectangulaire, très faciles à travailler, le bois
de sapin étant très tendre.

Pour acquérir davantage de dextérité, tout en travaillant sans autre outil qu'une lame de couteau, et avant d'entreprendre les opérations de menuiserie proprement dits, on peut encore associer le métal au bois et reproduire quelques petits ouvrages très simples, tels que claies, clôtures, cages, etc.

Quand on veut obtenir le premier de ces objets, on commence par préparer un cadre avec quatre branches bien droites, deux plus longues que les deux autres, de manière à avoir un cadre plus long que large. On place les quatre baguettes l'une à côté de l'autre, de manière à ce que leurs extrémités se trouvent sur une même ligne, puis on pratique dans toutes à la fois une entaille du diamère des baguettes elles-mêmes, entaille qui doit commencer à 1 centimètre de l'extrémité. On repousse ensuite les baguettes les plus courtes, de manière à ce que leur autre extrémité vienne affleurer le bout des baguettes les plus longues, puis on fait encore quatre entailles identiques aux premières. Cela fait, on prend une baguette courte et une baguette longue que l'on pose en croix l'une sur l'autre en L'assemblage est ensuite consolidé à l'aide L'assemblage est ensuite consolidée à l'aide d'une ligature en fil de fer. On procède de même avec les deux autres baguettes, puis on associe encore de la même façon pour réunir le tout ensemble. Chaque assemblage à angle droit est maintenu par un fil de fer s'entre-croisant autour des deux baguettes et bien serré.

Une fois ce cadre achevé, pour en faire une claie, il suffit d'attacher un fil de fer dans l'angle gauche en haut et de tourner ce fil de fer autour des deux plus longs côtés du cadre, en espaçant régulièrement les tours de fil. Arrivé au côté opposé à celui par lequel on a commencé, on attache ce fil en faisant une ligature en torsade, puis on retourne le cadre et, en partant de l'angle diagonalement opposé

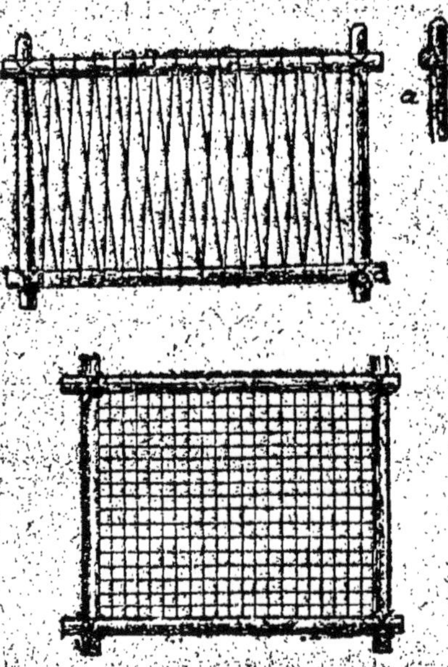

Fig. 25 et 26. — Claies en bois et fil de fer.
a. Assemblage des cadres.

à celui par lequel où le travail a débuté, on enroule un second fil de fer qui s'entrecroise avec le premier. On obtient ainsi une espèce de claie en fil de fer sur laquelle on peut mettre à égoutter divers produits. Pour faire un crible, au lieu d'une claie, il faut, au lieu de

disposer les fils de fer de manière à ce qu'ils
s'entrecroisent en formant des losanges allon-
gés, les agencer de façon à ce qu'ils se croisent
à angle droit. Dans ce cas, le mieux est de gar-
nir les quatre côtés du cadre d'une série de
petites chevilles enfoncées dans le bois et dépassant seulement de quelques millimètres le
niveau du bois, puis on attache le fil à une
cheville dans un angle et on le conduit à une
cheville du côté opposé, autour de laquelle on
le roule avant de le ramener à une deuxième
cheville située du premier côté. On continue
ainsi tant qu'il y a des chevilles sur les deux
grands côtés du cadre, puis lorsque cette nappe
de fils parallèles est terminée, on recommence
la même opération entre les deux petits côtés,
de façon à établir une nappe de fils perpendiculaire à l'autre. Mais, comme deux nappes
indépendantes ne seraient pas solides, il est
préférable de faire passer le fil alternativement au-dessus puis au-dessous des fils constituant la première nappe. On obtient ainsi
une espèce de tissu métallique très solide, dont
les vides font un véritable crible susceptible
de se prêter à diverses applications (Fig. 25
et 26).

En suivant une méthode analogue, on peut
établir un modèle de clôture en bois et en fil
de fer à treillis oblique (Fig. 27). On prend un
certain nombre de morceaux de bois ronds pour
constituer les montants de la barrière, on les
taille en pointe à un bout et on creuse près de
l'autre extrémité, en procédant de la façon qui
a déjà été indiquée plus haut, pour les moises,
et on encastre dans ces entailles, de chaque
côté des montants, une latte qui associe tous
les montants et se trouve maintenue en place

par une ligature en fil de fer entrecroisée et réunissant solidement les montants et les lattes. Ces dernières sont légèrement entaillées à des intervalles réguliers, et on fait pénétrer dans ces creux un fil de fer que l'on tend obliquement comme le montre la fig. 26, c'est-à-dire

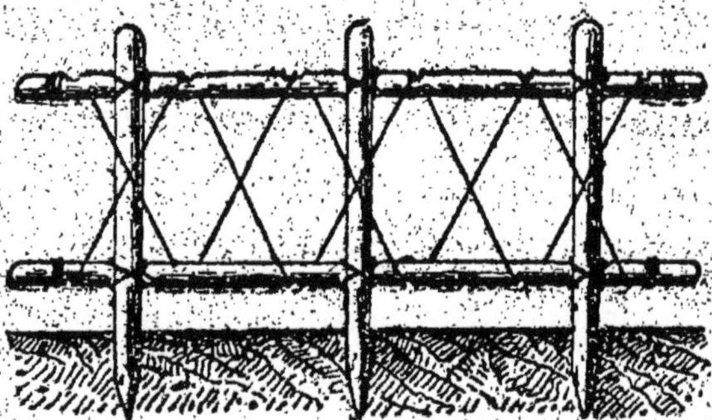

Fig. 27. — Clôture avec treillis fil de fer.

des deux lattes du haut aux deux lattes du bas. On arrête ce fil à l'extrémité inférieure de la latte du bas à droite, étant donné que l'on est parti de la latte du haut à l'angle gauche. On attache un second fil à l'extrémité de la latte inférieure, angle de gauche et on le tend en sens inverse du premier fil, avec lequel il s'entrecroise, puis on l'arrête à l'extrémité de la latte supérieure dans l'angle de droite.

Tous ces travaux préparatoires s'effectuent, comme on s'en rend compte, avec un couteau comme outil unique ; ils permettent au débutant de se familiariser avec l'emploi des matériaux ligneux. Ce petit apprentissage fait, on pourra commencer à apprendre à se servir des outils du menuisier, outils dont nous devons parler avant d'aller plus loin.

CHAPITRE II

OUTILLAGE DU MENUISIER AMATEUR

La pièce essentielle d'un atelier de menuisier est l'*établi* (Fig. 28), sans lequel il est presque impossible de *dresser* un plan régulier. On ne saurait en effet raboter en appuyant la planche à aplanir sur une table ordinaire, forcément légère et oscillant sous le mouvement de l'outil. L'établi est donc un meuble

Fig. 28. — Établi simple.

indispensable, d'autant plus qu'il est muni d'un étau et d'un butoir denté pour maintenir la pièce à dresser ou à débiter, et il est inutile d'essayer de faire de la menuiserie, même de très petites pièces, si l'on ne possède pas d'établi; c'est la première acquisition qui s'impose, et il ne faut pas vouloir trop économiser sur son prix. Il doit être formé d'un plateau épais en bois dur et bien sec, et d'un poids assez grand pour assurer sa stabilité. Un établi léger, qui vacille à la moindre secousse, est insuffisant, car il ne permet pas d'effectuer un bon travail.

L'établi est percé de trous pour donner passage à la tige du *valet* en fer (Fig. 29), qui permet de maintenir et d'immobiliser la pièce que l'on travaille. Il est muni d'un butoir, coiffé d'une lame de fer dentée en scie, et pouvant être plus ou moins levé hors d'une cavité où il coulisse à frottement dur. Ce butoir permet de retenir en place une planche posée sur l'établi

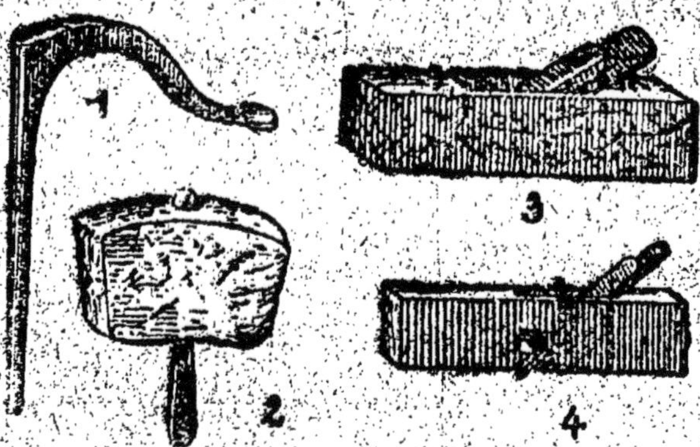

Fig. 29 à 32. — Valet — Maillet — Rabots.

et que l'on veut raboter à plat. Lorsqu'on veut raboter de champ, la planche est serrée dans une *presse* disposée sur le côté, à gauche et en arrière, c'est-à-dire du côté où l'on se place pour travailler. Cette presse est munie d'une vis en bois ou en fer qui se manœuvre à l'aide d'un levier transversal glissant librement dans un trou pratiqué à travers la tête de la vis.

Lorsque la place dont on dispose pour travailler est strictement limitée, comme c'est assez souvent le cas, surtout dans les grandes villes, l'établi pourra être utilisé pour des opérations assez variées. Avec quelques modifications on pourra le transformer en barre de tour, en socle de machine à percer ou à découper, en support d'étau pour le travail du fer, etc. Toutefois, on peut faire remarquer qu'on aura avantage, lorsqu'on ne sera pas gêné par le manque d'espace, à conserver à l'établi sa destination spéciale en l'affectant exclusivement aux opérations de la menuiserie.

L'établi est complété par le valet et par le maillet, taillé dans un pied de charme ou une loupe d'orme ou de frêne ; le maillet permettant d'enfoncer le valet en biais dans l'un des trous du plateau pour immobiliser la pièce à travailler.

Voici la liste des outils composant l'atelier du menuisier-amateur, en sus de l'établi :

Une série de rabots : un riflard, une varlope, une demi-varlope, un rabot en bois et un rabot américain, un guillaume et une paire de bouvets moyens.

Trois scies : une scie à refendre, une à araser et une à chantourner.

Un ciseau à bois, une gouge et deux bédanes pour creuser les mortaises.

Un vilebrequin avec une série de mèches appropriées.

Un trusquin, un compas à pointes, une équerre, une règle plate, un mètre pliant, un niveau à bulle d'air, une sauterelle, deux râpes, un tiers-point.

Une meule de grès fonctionnant à la main ou au pied, pour émoudre ; une pierre à l'huile pour affûter les lames d'outils. Un tournevis, une paire de tenailles, un marteau, enfin un pot à colle et des presses ou serre-joints.

Il existe encore de nombreux autres outils pour le travail du bois, dont l'utilité est incontestable pour l'exécution de certains ouvrages; toutefois la nomenclature qui vient d'être donnée représente ce qui suffit à un débutant ; on doit même engager ce dernier à ne faire l'acquisition d'autres instruments que lorsqu'il aura reconnu leur utilité et saura parfaitement se servir de ceux que nous avons énumérés. En général, l'amateur et surtout le néophyte a trop d'outils, et c'est même là un écueil qu'il est préférable d'éviter. Il croit volontiers que toute difficulté peut se tourner à l'aide d'un instrument perfectionné et qui va en quelque sorte tout seul, et alors il perd son temps en efforts infructueux qui le découragent, tandis qu'un travail progressif et méthodique eût suffi pour lui faire franchir en peu de temps la période obligatoire d'apprentissage.

Les divers outils dont la liste a été indiquée sont trop connus pour mériter une description détaillée. Nous nous bornerons donc à rappeler quelles sont les qualités que chacun d'eux doit présenter, afin d'aider à les choisir en toute connaissance de cause.

Les Rabots

Le rabot sert à dresser le bois dans le sens des fibres et à obtenir des surfaces plates, concaves ou convexes très unies. Il se compose d'un fer de ciseau ou gouge incliné, logé dans l'ouverture ou *lumière* d'un bloc de bois dur, de forme parallélipipédique, et serré par un coin, tout en laissant dépasser légèrement le fer hors de la semelle inférieure du bloc, dont les deux faces latérales sont appelées *jours*. L'inclinaison du fer doit d'être d'autant moindre que le rabot doit débiter davantage ; ce fer peut prendre d'ailleurs deux positions différentes selon que l'on veut enlever de minces copeaux ou faire des rainures dans le bois. Dans le premier cas, le tranchant est en avant et la face inclinée est couchée en arrière, alors que dans l'autre, l'outil se trouve retourné et la face inclinée placée en avant et presque verticalement. Les rabots présentent des formes différentes quand ils sont destinés à produire des moulures de profil variable. Ils portent alors les noms de mouchettes, bouvets, feuillerets, etc. On emploie encore le rabot *denté* pour raboter la superficie des planches que l'on veut coller à plat l'une par dessus l'autre, le rabot *rond*, qui sert à creuser le bois, et qui est dit à *lumière dessus*, à *lumière de côté*, le rabot *à contre-fer*, avec vis ou sans vis, le rabot *américain* entièrement métallique le rabot *debout* pour dresser les bois de bout, le rabot *à élégir*, etc. (Fig. 31 et 32).

Le rabot, le riflard et la varlope sont en réalité le même outil, mais monté différemment. Au riflard, qui sert à dégrossir, et avec lequel on peut enlever des copeaux assez gros,

on donne plus de fer. La varlope, au contraire
(Fig. 33), qui sert à dresser et à planer, possède
une lumière plus étroite, présente beaucoup
moins de fer. C'est là toute la différence, aussi
les menuisiers ont-ils l'habitude de monter en

Fig. 33. — Varlope.

billard les varlopes les plus usées, c'est-à-dire
celles dont la lumière s'est par trop élargie à
la longue.

Le rabot servant à finir, à polir les panneaux, doit encore avoir moins de fer que la
varlope ou la *demi-varlope*, celle-ci servant
surtout à dégrossir. Les rubans qu'il enlève ne
doivent former qu'une *pelure*, mais dans tous
les outils du même genre, la lumière doit être
aussi petite que possible et juste suffisante
pour laisser passer le ruban ou copeau. Le
contre-fer doit s'appliquer le plus exactement
possible sur le fer et venir affleurer d'autant
plus près le tranchant qu'on veut lever des rubans plus minces. C'est dire que, dans le rabot,
le tranchant du fer doit s'apercevoir à peine.

Quelquefois, cependant le rabot sert à *blan-
chir* une planche qui n'est pas nécessaire de
dresser ; on donne alors davantage de fer.

Le bois que l'on choisit de préférence pour
les rabots et varlopes est le cormier, mais on
utilise également le charme, le hêtre, le pom-

mier ou tout autre bois dur, coûtant meilleur marché que le cormier. Cependant, lorsqu'on fait un usage continu de ces outils, la semelle finit par se creuser et la lumière par s'élargir outre mesure, et alors les fers jouent dans l'orifice devenu trop grand. C'est là un défaut que ne présentent pas les rabots entièrement métalliques, en fer ou en fonte, dont l'usage tend à se répandre de plus en plus en raison des avantages qu'ils présentent, surtout au point de vue de la durée et de la facilité du réglage de la longueur du fer lequel s'opère par la manœuvre d'une vis.

Le *guillaume* est un rabot dont le fer est aussi large que le fût, et qui permet de creuser les angles au moins droits. Les *bouvets* (Fig. 34 et 35), autre variété de rabot, servent pour préparer l'assemblage des planches, en découpant une languette ou creusant une rai-

Fig. 34 et 35. — Bouvet simple — Bouvet double.

nuré sur le côté des planches. Le bouvet *mâle*, est celui qui fait la languette, le bouvet *femelle* produisant la rainure. On donne le nom de bouvet *brisé* à celui qui permet de tracer plusieurs rainures à la fois sur une même planche; le bouvet *à fourchement* produit à la fois une rainure et une languette, et le bouvet *à approfondir*, ou de *deux pièces* sert à creuser des rainures parallèles et d'un écartement variable.

Les Scies

On désigne sous le nom de scie *à refendre* une forte scie dont la lame est large et bien régulière. Elle sert à refendre les planches, débiter le bois d'œuvre et doit présenter assez de *voie*, c'est-à-dire avoir ses dents assez inclinées alternativement, l'une à droite, la suivante à gauche et ainsi de suite, d'un bout à l'autre de la lame (Fig. 36).

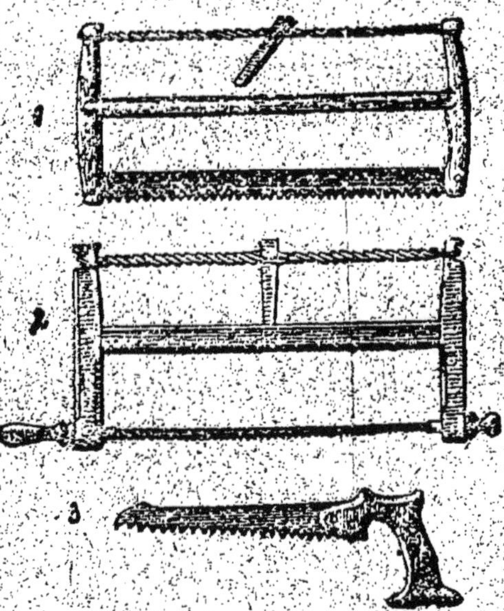

Fig. 36 à 38. — Scie à refendre — Scie à chantourner, montée à la demande — Scie à manche d'échine.

La scie *à chantourner* est, comme son nom l'indique, la scie à découper du menuisier, c'est avec elle qu'il peut contourner les parties courbes. Sa lame (Fig. 37) doit être par conséquent suffisamment étroite, car moins elle aura de largeur et plus le cercle qu'elle pourra décrire sera petit. Toutefois il ne faut pas tomber dans une exagération qui deviendrait plutôt un inconvénient pour un débutant; une largeur de 1 centimètre n'est pas exagérée et représente plutôt une bonne dimension. Cette scie doit être montée à *demande*, c'est-à-dire que la lame est fixée entre des tourillons lui permettant de tourner à volonté sur son axe, selon que le travail l'exige. Les dents doivent présenter beaucoup de voie, et être assez écartées pour faciliter le passage de la scie dans les courbes de petit rayon.

La scie *à araser*, dite encore *à tenons*, est une scie légère, de dimensions moyennes et dont la lame doit être relativement fine. Les dents, très serrées, sont fines et ne possèdent presque pas de voie afin de ne pas grossir le trait. C'est avec cette scie que l'on exécute tous les ajustages, et le débutant doit s'attacher à la manier avec le plus de dextérité possible. La monture est le plus souvent fixe, bien que la monture à pivots, avec laquelle on n'est jamais gêné, soit préférable. La lame peut être plus ou moins tendue à l'aide d'un écrou, ou plus simplement avec un faisceau de ficelles entre lesquelles on a inséré un taquet que l'on tourne plus ou moins, selon la tension que l'on veut donner à la scie.

Pour se résumer, on peut dire que l'outillage de l'amateur en ce qui concerne les scies, est suffisant avec trois spécimens : une scie

à refendre, une à chantourner et une à tenons
ou à araser. La scie à *demande*, ou, par corruption *allemande*, ne constitue pas, comme
on pourrait le croire, un modèle particulier :
elle doit son nom à sa monture sur des gou-
pilles lui permettant de tourner dans tous les
sens à *la demande* de l'ouvrier, d'où son nom.
On peut encore ajouter à ces trois modèles, un
modèle de scie à main, à manche dégobine,
souvent très utile, pour débiter des pièces
qu'on ne peut attaquer avec une scie à monture ordinaire.

Quant à la forme des dents, il en existe
quatre principales (Fig. 39 à 42) : la dent
crochue des scieurs de long, la dent en forme
de triangle équilatéral, et la dent oblique. La

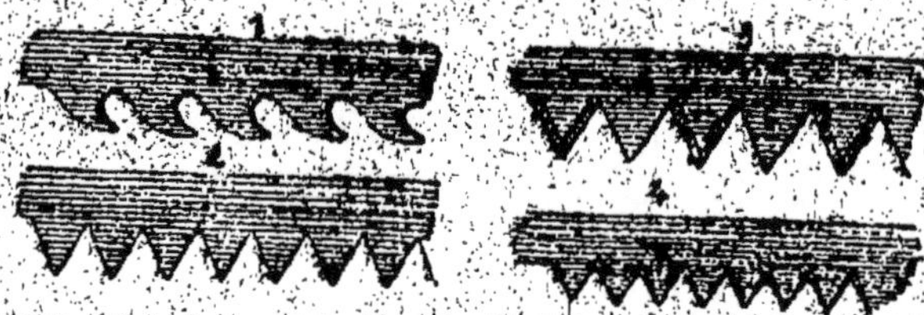

Fig. 39 à 42. — Formes diverses de dents de scie.

première s'affûte, lorsque la scie ne coupe plus,
avec une lime demi-ronde de forme spéciale;
la scie à dents droites, elle, peut s'affûter de trois
manières différentes : d'abord à la manière des
scieurs de bois de chauffage, dans laquelle on
incline le tiers-point de façon à produire en
limant un court biseau. Ces scies ayant de la
voie par le bout des dents et étant trempées très
dur, il en résulte qu'il faut déployer une très
grande attention pendant l'affûtage pour éviter

de les casser. Ce mode de taille des dents donne beaucoup de mordant et la scie avance très vite dans le bois.

Dans le deuxième procédé d'affûtage, le tiers-point est tenu droit ; on obtient ainsi la forme de dent adoptée pour les feuillets et les scies à chantourner qui doivent couper en montant et en descendant. On donne d'autant plus de voie aux dents que la lame est plus large ; lorsque celle-ci est très étroite, on donne moins de voie. Enfin dans le troisième procédé, on incline, pour limer les dents, le tiers-point à droite et à gauche. Ces scies dites *à la jardinière* n'ont pas de voie et sont plus épaisses du côté des dents que du côté opposé. Vu en bout, le côté denté doit offrir l'aspect d'un V, le fonctionnement est bon dans les bois verts et tendres.

Quand la scie ne *mord plus* et ne pénètre que difficilement dans le bois, il est nécessaire de lui donner un coup de lime à la denture. Pour cela on pince la lame dans un petit étau ordinaire ou toute autre presse, en plaçant bien entendu les dents en haut, puis, quand la lame se trouve ainsi immobilisée, on donne sur chaque dent quelques coups de tiers-point pour aviver l'arête. Il est facile d'ailleurs, de voir si les dents sont encore aiguës ou si elles se trouvent plus ou moins émoussées. La principale précaution à prendre consiste à s'habituer à donner toujours le même nombre de coups de tiers-point sur chaque dent, ce qui assure un aiguisage régulier. On redonne ensuite la voie, si c'est nécessaire, en contrariant les dents alternativement à droite et à gauche à l'aide d'une pince ou d'un tourne-à-gauche quelconque.

Ciseaux, Gouges, Outils à perforer

Il faut posséder plusieurs ciseaux à bois de largeur variable, depuis ½ centimètre jusqu'à 3 ou 4 centimètres, une gouge et un bédane.

Les ciseaux (Fig. 43 et 44), sont des lames plates, carrées par le bout, ayant un seul biseau au bout. Les longs côtés peuvent être parallèles, cependant l'usage est de les faire légèrement obliques, de manière à ce que l'outil devienne insensiblement plus large à l'endroit du taillant que dans la partie qui avoisine le collet, nom que l'on donne à une partie évidée, plus épaisse que la lame et ordinairement renforcée par une arête.

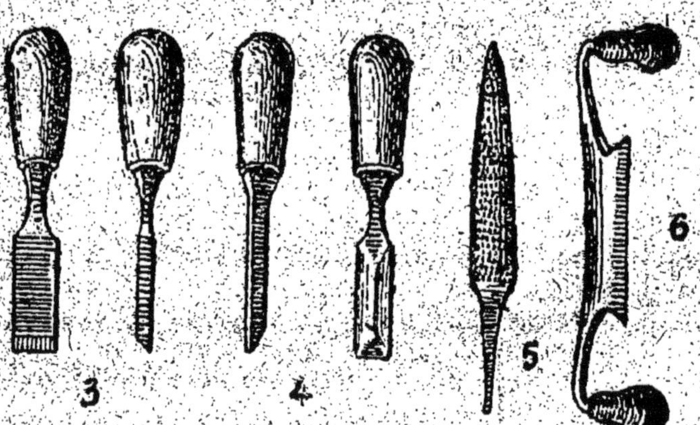

Fig. 43 à 48. — Ciseaux à bois — Bédane — Râpe
et Plane.

Le bédane (Fig. 45 et 46), est l'outil servant à creuser les cavités appelées mortaises et devant recevoir les *tenons* d'assemblage. Ce mot ne sert pas seulement à désigner l'espèce de ciseau dont il est question ici, mais une qualité particulière à tous les outils présentant la particularité que l'endroit où ils coupent est la plus large de toute la lame, particularité qui persiste malgré le raccourcissement de celle-ci dû à l'usure et aux affûtages répétés qu'elle a subis. Le bédane permet de creuser une mortaise parfaitement régulière ; la décroissance doit être double, c'est-à-dire s'exercer sur les deux faces, comme dans un tronc de pyramide, de façon à ce que la lame ne touche à la paroi de la mortaise ni dans le sens vertical ni dans le sens latéral.

La gouge est un ciseau à bois dont la lame est cintrée et le bout travaillant taillé en biseau tronconique. La lame est donc creuse et affecte la forme d'un demi cylindre ou d'une portion de tube, celui-ci étant coupé en deux dans le sens de la hauteur, de manière à laisser un canal concave par où s'échappe le copeau.

La hachette est indispensable pour équarrir les bois bruts et commencer l'ébauchage ; la *plane*, ou couteau à deux mains, présente également une très grande utilité pour continuer ce travail préparatoire : la pièce que l'on veut travailler est maintenue dans la presse de l'établi et on manœuvre la plane en la tirant vers soi des deux mains. Les *râpes*, qui remplacent les limes pour le travail du bois, ont également leur place dans le matériel du menuisier amateur.

On perfore le bois avec les outils qui portent le nom de *vrilles, tarières* et *vilebrequins*.

La vrille est un outil en acier formé d'une lame contournée en hélice, de pas variable, emmanchée dans une poignée transversale que l'on saisit de la main pour imprimer un mouvement de rotation à la tige qui pénètre dans le bois à la façon d'un tire-bouchon dans le liège. Les fraises anglaises sont les meilleures, mais si on ne prend pas la précaution de les graisser fréquemment, on risque de les briser pendant le travail. Les tarières sont des vrilles de grande dimension, se manœuvrant à deux mains ; elles ne sont employées que par les charpentiers pour faire des trous dans des madriers.

Le vilebrequin (Fig. 49), dont la forme est trop connue pour nécessiter une description, permet d'imprimer un mouvement de rotation continu

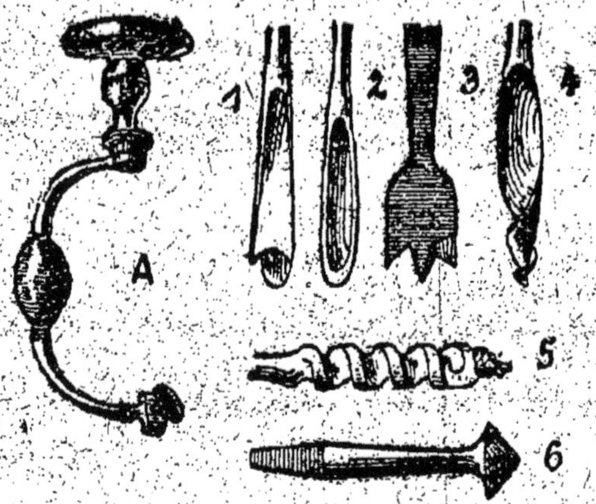

Fig. 49 à 55. — **A.** Vilebrequin — Mèches.

à une *mèche* adaptée dans sa pince qui la serre à l'aide d'une vis. La forme des mèches de vilebrequin est variable selon le résultat qu'on veut atteindre. On distingue (Fig. 50 et

51) la mèche *cuiller*, cannulée dans le sens de la longueur, et dont le bout est relevé; elle avance assez vite; il existe aussi plusieurs autres formes un peu différentes et qui donnent un avancement encore plus rapide, mais moins régulier. Vient ensuite la mèche dite *à trois pointes* (Fig. 52), qui produit des trous très réguliers et avance promptement; on lui ajoute quelquefois un petit cône tronqué qui bouche immédiatement le trou que la partie supérieure vient de creuser. Enfin viennent les mèches *tarières* (Fig. 53), qui permettent de pratiquer des trous d'assez fort diamètre. Les principales formes sont la tarière *en hélice*, qui mord âprement et retire avec elle un copeau roulé en tire-bouchon, et la tarière dite de *Sorby* (Fig 54), dans laquelle le copeau suit une hélice autour de l'outil.

Quand le trou que l'on veut exécuter doit être évasé en tronc de cône à son ouverture (par exemple lorsqu'il s'agit de loger la tête d'une vis que l'on veut faire affleurer le niveau de la planche), on recourt à la mèche dite *fraise*. Il existe plusieurs formes de cette dernière variété de mèche; les deux plus usitées sont la fraise *cannelée* (Fig. 55) à quatre secteurs dentés opposés, et la fraise lisse à entaille, qui attaque le bois par une dent en saillie et donne, avec une moindre pression sur la tête du vilebrequin, une fraisure très uniforme.

Outils divers et boîtes d'Outils assortis

Au nombre des outils accessoires, dont la présence est indispensable pour l'exécution

d'un travail de menuiserie quelconque, il faut
encore placer le *fil à plomb* (Fig. 61), le mètre
pliant, les *compas* à pointes, avec ou sans quart
de cercle (Fig. 58 et 59), les équerres à chapeau
et équerres d'onglet (Fig. 56 et 57), servant
pour vérifier les angles entre les pièces assem-
blées, la fausse équerre ou *sauterelle* (Fig 62),
enfin le marteau, les tenailles, la meule (Fig.

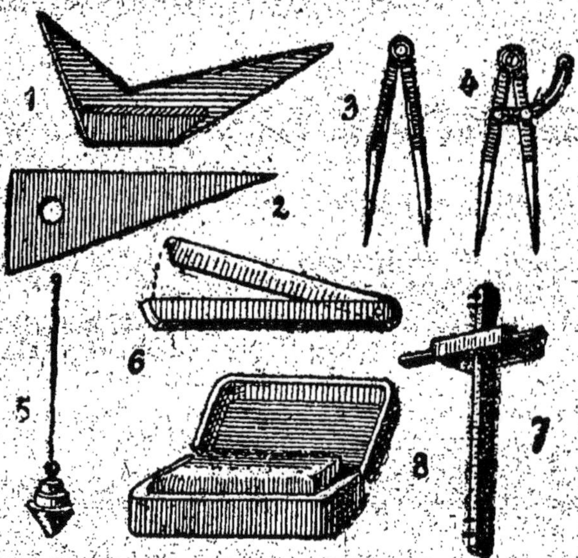

Fig. 56 à 63. — Outils du menuisier.

60), le *trusquin* (Fig. 63) et les pierres à aiguiser. Ce n'est pas assez, en effet, que d'avoir
de bons outils; il faut encore qu'ils coupent
parfaitement bien, sans quoi on ne fait que du
mauvais travail. C'est pourquoi la meule est
de première utilité ainsi que la pierre à huile.

Cette dernière doit avoir un grain fin et bien égal dans toutes ses parties; il faut éviter les nervures et les veines qui indiquent des endroits d'inégale dureté. Les pierres d'Amérique et celles du Levant sont les plus estimées, mais elles coûtent assez cher.

Pour aviver le tranchant des fers de rabots, bouvets, ciseaux, bédanes, terminés en biseau, la pierre à huile employée seule serait insuffisante, c'est pourquoi la meule, mue à la main ou à la pédale, est de première utilité. A son défaut, il faut prendre un grès plan sur lequel on frotte la lame en décrivant une ligne droite et en observant de la maintenir toujours dans le même angle.

Le repassage sur la pierre à huile est facile : il s'agit seulement d'adoucir le tranchant en lui *donnant le fil,* selon l'expression habituelle, mais il n'en est pas de même lorsqu'il s'agit d'émoudre sur la meule ou le grès, car il faut alors avoir grand soin de maintenir l'outil selon la même inclinaison, afin de lui donner un biseau bien net, et cette opération réclame une certaine habitude pour s'effectuer convenablement. Là encore il faut un certain apprentissage pour maintenir les outils tranchants en bon état et leur conserver toutes leurs qualités, mais avec un peu d'attention on surmontera vite les difficultés inhérentes à tout début.

Il ne nous reste plus, pour terminer sur ce qui se rapporte à l'outillage qu'à dire un mot des assortiments contenus dans des boîtes ou des armoires, et que l'on trouve dans certaines maisons de quincaillerie qui ont obtenu à juste titre un renom mondial dans cette spécialité. Voici, d'après le catalogue d'une de ces maisons, la composition et le contenu de ces meubles pour amateurs :

Boîte sans tiroir : Un marteau, tenailles, ciseau, gouge, râpe demi-ronde, lime, pince plate, tournevis, quatre vrilles assorties, un rabot américain, drill avec six forets.

Boîte avec tiroir contenant, en sus des outils sus-énoncés : Un vilebrequin avec six mèches, plane, tiers-point, lime demi-ronde bâtarde, poinçon, scie à main, presselles, compas ordinaire, pointe à tracer et équerre en cormier.

Boîte avec deux tiroirs, contenant encore, en sus des outils qui viennent d'être énumérés : Un gros marteau, un gros tournevis, quatre ciseaux assortis, deux gouges, un bédane, une pince ronde, une scie à main demi-large, une scie à guichet, un rabot en cormier, un ciseau à froid, pierre à huile.

Enfin, *l'armoire à outils* grand modèle renferme les objets dont voici la liste :

Une scie à demande de 40 centimètres ; un bocfil ; un drill avec six forets ; deux tournevis ; un poinçon ; un vilebrequin ; deux marteaux ; un tourne-à-gauche ; un compas droit ; une tenaille ; une presselle ; cinq vrilles assorties ; une hache à tête ; une scie à guichet ; deux presses en fonte vernie ; une presse en bois ; un maillet ; un niveau à bulle d'air ; un pot à colle ; un trusquin ; une équerre d'onglet ; une équerre à lame d'acier ; une pierre du Levant ; un rabot en cormier ; une demi-varlope de même bois ; une plane ; un pied à coulisse ; un tournevis pour vilebrequin ; trois mèches à ferrer ; deux mèches à trois pointes ; une mèche à pierre ; une pince plate et coupante ; un chasse-pointes ; un râcloir ; une fausse équerre à lame d'acier ; un étau à agrafe ; un bigorne ; un étau à main ; une lime ; une râpe demi-ronde ; un bédane ; trois ciseaux assortis ; deux gouges et une pointe carrée.

Cet outillage est assez coûteux, mais il est très complet et permet de ne jamais se trouver embarrassé, quelle que soit l'opération qu'il s'agisse d'exécuter.

CHAPITRE III

OPÉRATIONS PRÉLIMINAIRES

La première préoccupation de l'amateur de travaux de menuiserie se porte sur le choix du genre de bois à mettre en œuvre, selon le travail que l'on veut entreprendre. Or, il ne faut pas perdre de vue que les diverses essences de bois présentent chacune des difficultés particulières. Les bois à fibres serrées, tendres ou durs, tels que le tilleul, le peuplier, le buis, le chêne, se laissent débiter assez facilement, d'autres *bourrent* sous l'outil et se découpent mal.

Le bois qui n'est pas parfaitement sec se travaille mal, il s'éraille sous l'outil et souvent se déforme et se fend.

Les bois blancs peuvent être mis en œuvre au bout de six mois ; un an et plus sont préférables. Pour les bois durs, il faut souvent de longues années, et encore ne les empêcherez-vous pas de se déjeter.

Parmi les bois tendres, on doit distinguer le *peuplier*, le *pin*, le *sapin*, le *marronnier*, le *tilleul*, le *tremble*, l'*ypréau*.

Le rabot polit bien le peuplier et le sapin ; mais le râcloir n'y mord pas, il bourre ; on achève le poli au moyen de la pierre ponce que l'on pousse perpendiculairement au sens des fibres. La peau de chien de mer et le papier de verre servent dans le même cas.

Souvent ces bois, le sapin surtout, présentent des veines, des taches, aussi belles que celles du noyer. Alors ne le recouvrez pas de peinture : avec deux couches d'huile de lin mêlée à moitié d'essence de térébenthine, et de plus une ou deux couches de vernis gras appliqué au pinceau, le sapin prend la teinte et l'aspect du bois de citronnier.

Le marronnier, fort cassant et d'un blanc mat, sert à faire des incrustations dans les bois de couleur foncée.

Avec le tremble, et surtout une de ses variétés, l'ypréau, on fabrique des portes, des armoires, que l'on se borne à passer à l'huile sans peinture.

Les bois durs sont assez nombreux. Ceux d'une moyenne dureté sont l'alizier, l'aubépine, l'aune, le cerisier qui compte trois variétés : le cultivé, le merisier, le mahaleb ou faux Sainte-Lucie ; le charme, le châtaignier, le chêne, le cognassier, le cornouiller ou courgelier, l'érable, de plusieurs variétés, le hêtre, le néflier, le noyer, le platane, le poirier, le pommier, le prunier, le sycomore, etc.

Les bois les plus durs sont : le buis, le cormier, le frêne, le houx, le lilas, l'orme, etc.

Les bois de démolition sont parfois durs à l'excès ; mais ils se travaillent bien et ne se tourmentent plus.

Les bois exotiques présentent des variétés tout aussi riches, tout aussi nombreuses.

Si l'on ne se sent pas sûr de son coup de

rabot, il faut choisir du bois sans nœuds, pris dans le tronc d'un arbre.

Remarquez que le pied d'un arbre est dur, chanvreux, coriace.

Le bois qui a poussé dans un terrain fertile, humide même, est infiniment plus tendre que celui de même essence qui a crû sur les hauteurs ou parmi les roches.

Tous les travaux du menuisier, si compliqués qu'ils paraissent, peuvent se décomposer et se résoudre finalement en deux opérations, qui sont :

1° Dresser un plan à la varlope ;

2° Suivre rigoureusement avec la scie la trace d'un trait.

Cherchez, il n'y a pas autre chose. Dans les ajustages les plus compliqués, comme dans les plus beaux meubles, on ne trouve que la répétition de ces deux opérations. Il suffit donc, pour devenir menuisier, de posséder complétement le maniement de la varlope et de la scie. Le reste, en effet, est peu de chose et ne présente plus de difficultés sérieuses.

« C'est en forgeant qu'on devient forgeron », dit le proverbe. Il faut, avant de battre le fer, le mettre au feu, et s'attendre au début à beaucoup de mécomptes. Il serait difficile à plus d'un amateur de menuiserie, de calculer le nombre de morceaux de bois qu'il a gaspillés et jetés au feu, le nombre d'excellents outils qu'il a mis hors d'usage. On remarque chez l'amateur qui débute deux défauts ; ses outils coupent mal, et il va trop vite.

Nœuds du bois. — Prenez garde aux nœuds ! Le plus habile ouvrier n'en vient pas à bout sans peine. Tantôt le nœud se détache et laisse béant un trou que l'on ne peut boucher proprement ; tantôt, dans le tranchant de l'outil, il produit une brèche qui tient une heure sur la meule ; d'autres fois il se réduit en une poussière menue qui aveugle ou fait tousser. Dans tous les cas, il est entouré de cavités provenant des éclats, et que l'on ne saurait faire disparaître.

Que l'amateur ne tente donc pas de travailler aux loupes d'orme ou aux nœuds de frêne : il y perdra ses peines, et au lieu d'un beau poli, il n'obtiendra que des trous.

Usage de la varlope. — Ce que je vais dire de la varlope s'appliquera également à ses similaires.

La varlope se lance toujours droit en avant. Elle doit mordre sans pression et sans effort, le ruban doit sortir facilement et presque droit.

Le riflard, enlevant plus de bois, produit des rubans roulés.

Une précaution de la plus haute importance est de veiller à ce que l'outil soit maintenu horizontalement. Au début, l'amateur a une tendance à abaisser alternativement chaque main, ce qui transforme en jante de roue le bloc qu'il veut dresser. Sur une planche on doit pousser la varlope non en arc de cercle, mais toujours dans la direction des fibres, sinon la planche deviendrait gauche ainsi qu'une oreille de charrue ; de plus, le dessous de la varlope se gauchirait et il deviendrait impossible de réaliser un travail parfait.

Lorsque, pour faire mordre le rabot, on sent qu'il faut exercer une certaine pression, c'est un indice certain que l'outil ne coupe plus suffisamment, et il devient nécessaire de l'aiguiser en le passant sur la pierre à huile pour lui redonner le *fil*. On est quelquefois obligé de l'émoudre sur la meule ou un grès bien plane.

lorsque le tranchant est tout à fait émoussé, mais c'est là une opération à laquelle il ne faut se livrer que le plus rarement possible pour ne pas user en peu de temps le métal.

Usage de la scie. — Il faut une certaine habitude pour conduire convenablement une scie et suivre exactement le trait selon lequel le découpage doit s'effectuer, sans dévier ni mordre à l'extérieur ou à l'intérieur du trait. Pour conduire correctement une scie et se rendre maître de ses mouvements, il faut s'efforcer de n'exercer aucune pression sur la lame ; au contraire il est préférable de la soulager légèrement, car une scie en bon état n'a même pas besoin de son poids pour mordre dans le bois. En ne perdant pas de vue cette observation, on ne tarde pas à reconnaître combien il est aisé en réalité de guider une scie en la faisant mordre où l'on veut, et l'on arrive, par des exercices suffisamment répétés, à suivre le trait en quelque sorte machinalement comme pour les autres outils.

On comprend, sans qu'il soit besoin d'insister davantage, de quelle utilité est le montage à *la demande* des lames de scies, surtout des scies à chantourner, car il donne la possibilité de suivre le contour le plus accidenté, ce qui ne serait pas possible avec une scie à tenons fixes. Cependant, s'il s'agissait de découper des morceaux selon des contours assez compliqués, la scie à chantourner pourrait devenir insuffisante et il faudrait alors recourir soit au *bocfil* à monture et scie mince à denture fine, maintenue entre des pinces à vis ou mordaches, soit à la scie à découper à ruban ou autre. Pour ces dernières machines, nous aurons à indiquer en détail plus loin, leur agencement et la manière de s'en servir.

Machines à percer. — La machine-outil à perforer le bois la plus simple est évidemment la vrille hélicoïdale, sorte de tire-bouchon surmonté d'une gouge coupant le bois, mais cet outil ne permet que de creuser des trous de faible diamètre. C'est pourquoi le vilebrequin est plus usité, car il peut actionner des *mèches* démontables, et de diamètre plus ou moins grand. La manœuvre du vilebrequin ne présente aucune difficulté particulière, et le premier venu sait s'en servir, tout aussi bien que d'un marteau ou d'une paire de tenailles ; seul le choix de la mèche selon le travail à exécuter demande quelque discernement. Selon la dureté du bois, les mèches avancent plus ou moins vite ; il est souvent nécessaire de leur donner un coup de lime afin de raviver le tranchant émoussé.

Quand on préfère se consacrer de préférence au tournage du bois, il est inutile de se munir d'un vilebrequin pour percer des trous ; ceux-ci se pratiquent en emmanchant une mèche de la grosseur convenable dans un mandrin vissé sur le *nez* du tour : on met cette mèche en mouvement en agissant sur la pédale, et on lui présente la pièce que l'on veut perforer. Il faut agir avec quelques précautions, toutefois pour éviter de faire fendre ou éclater le bois, ce qui pourrait causer un dommage irréparable à la pièce.

Equarrissage d'un bloc brut

Voici sur l'établi un bloc brut ; il faut, avant de le soumettre à toute opération, l'équarrir et le dégrossir. Pour remplir ce programme, on commence par le débarrasser, à l'aide de la hache à main, des bosses et des débris d'écorce qui l'entourent encore, et on lui donne ainsi grossièrement la forme approchée d'un parallélipipède ou solide à quatre faces rectangulaires. Cela fait, on pousse le bloc vers le butoir à dents ou *crochet* de l'établi, et on l'y fixe d'un coup de maillet.

On s'arme alors de la plane ou couteau à deux mains et on achève le dégrossissage et la mise au carré des quatre côtés du bloc. Puis on procède au dressage des plans, à l'aide de la varlope que l'on maintient des deux mains : la droite serrant la poignée, la gauche placée à l'autre bout, qu'elle maintient sans trop de raideur. On pousse l'outil d'abord par petits coups, en étendant peu à peu son action jusqu'à l'extrémité du bloc. De temps en temps, on se courbe et on vient appliquer l'œil au bout de la pièce, afin de s'assurer qu'elle est parfaitement droite et plane.

Cette première face une fois bien dressée et unie, on trace, à l'aide de l'outil appelé trusquin, deux lignes parallèles qui indiquent l'épaisseur à laisser au morceau. En se guidant sur ces lignes, on rabote à l'aide du riflard, puis on plane au moyen de la varlope. On tourne ensuite le bloc sur champ et on rifle comme auparavant, mais il faut, au moyen de l'équerre, s'assurer que l'angle dièdre des deux faces forme une arête rigoureusement droite. Quand on a encore dressé et plané, deux coups de trusquin tracent la quatrième face.

Si l'on rabote une planche à plat, on pose de temps à autre l'angle du riflard en travers pour s'assurer que le planage s'opère convenablement. Au moyen du trusquin, on tire ensuite la planche d'*épaisseur*. Pour en dresser ensuite le champ, on la serre dans la presse de l'éta-

4

bli et on commence par dégrossir à l'aide du riflard. Tenant la varlope des deux mains, on la pousse doucement d'un bout à l'autre ; de cette manière on obtient une rectitude parfaite de la tranche du bois.

Les essences ligneuses

Les qualités des bois sont peut-être aussi variées que les applications auxquelles on les destine, et une classification des ligneux doit être avant tout pratique. On les divise donc ordinairement en cinq catégories ou groupes tenant compte de leurs qualités, de la présence de produits résineux dans leur masse et enfin de leur origine. Ainsi, les quatre premiers groupes sont relatifs aux bois d'Europe, le cinquième aux bois exotiques. Voici donc le tableau de ces différentes essences, que l'amateur a intérêt à connaître pour faire un choix entre elles, selon la destination des objets dont il veut entreprendre la fabrication.

BOIS DURS

NOMS DES BOIS	DENSITÉ	COULEUR	QUALITÉS	EMPLOIS
Chêne	0,8	Jaune brun	Compact, gros grains	Menuiserie, charpente.
Frêne	0,8	Blanc, raies jaunes	Lissé et flexible	Ébénisterie, tournage.
Orme	0,75	Brun rouge	Fibreux, liant	Charronnage.
Châtaignier	0,8	Blanc jaune	Résistant, flexible	Menuiserie
Noyer	0,8	Gris brun	Fin, serré, liant	Menuiserie, ébénisterie.
Hêtre	0,65	Fauve clair	Serré, cassant	Menuiserie.
Charme	0,75	Blanc	Fin, serré, fentif	Charronnage, marqueterie.

BOIS BLANCS

NOMS DES BOIS	DENSITÉ	COULEUR	QUALITÉS	EMPLOIS
Peuplier	0,45	Blanc	Léger, tendre, mou	Ouvrages grossiers, caisses.
Aulne	0,5 à 0,8	id.	Léger, se coupe bien	Pilotis, ouvrages ordinaires
Bouleau	0,7	Blanc rouge	Très mou, flexible	Remplace le peuplier.
Tilleul	0,65	id	Doux, soyeux, se coupe bien	Sculpture.
Platane	0,7	Blanc fade	Fin, se coupe bien	Moulures.
Acacia	0,8	Jaune tendre	Nerveux flexible, bien veiné	Chaises, meubles
Érable	0,6	Jaune pâle	Grain serré, bien veiné	Meubles, manches d'outils.
Sycomore	0,6	Blanc	Ondulé et veiné	Ébénisterie, tournage.
Saule	0,4	Blanchâtre	Souple (osier)	Peu employé
Marronnier Inde.	0,63	Blanc	Filandreux, sans résistance	Menus ouvrages.
Laurier	0,7	id.	Souple	Charronnage.

BOIS FINS

NOMS DES BOIS	DENSITÉ	COULEUR	QUALITÉS	EMPLOIS
Cormier	0,9	Brun rouge	Très fin et très dur	Outils, sculpture
Poirier	0,7	id.	Fin, serré, doux, liant	Menus ouvrages, tour
Pommier	0,7	id.	Plus joli mais moins bon que le poirier	Même usages que le poirier
Merisier	0,7	Rougeâtre	Assez dur, bon poli	id.
Cornouiller	0,75	Blanc rouge	Dur, serré, solide	id.

NOMS DES BOIS	DENSITÉ	COULEUR	QUALITÉS	EMPLOIS
Buis	0,9 à 13	Jaune paille	Dur, très fin, liant	Tournage, gravure.
Prunier	0,7	Rougeâtre	Rappelle le poirier	Peu employé.
Alizier	0,7	id.	id.	id.
Amandier	0,7	id.	id.	id.
Houx	0,8	Blanc pur	Dur, très fin, rappelle l'ivoire	Marqueterie.
Olivier	0,95	Jaune	Prend un beau poli	Tabletterie.

BOIS RÉSINEUX

NOMS DES BOIS	DENSITÉ	COULEUR	QUALITÉS	EMPLOIS
Sapin	0,4 à 0,6	Blanc ou rouge	Léger, élastique, sonore	Menuiserie.
Pin	0,65 à 0,8	Jaune ou rouge	Plus dur que le sapin	Charpente.
Pitchpin	id.	Jaunâtre	Variété de pin	Meubles.
Mélèze	0,65	Blanc	Plus fin que le sapin	id.
Cèdre	0,6	Rougeâtre	Mou, fentif, très odorant	Peu employé.
Cyprès	0,65	Roux pâle	Serré, compact, odorant	Ébénisterie, Marqueterie.
If	0,8	Beau rouge	Dur, compact, se teint facilement	id.
Thuya	0,55	Rosé	Grains fins, durable	Ornementation.

BOIS EXOTIQUES

NOMS DES BOIS	DENSITÉ	COULEUR	QUALITÉS	EMPLOIS
Acajou	0,6 à 0,9	Jaune rouge	Solide, compact, facile à travailler	Ébénisterie.
Palissandre	0,9	Brun violacé	Dur, serré, odorant	Ébénisterie, Marqueterie.
Ébène	1,4	Vert ou noir	Dur, prend un beau poli	id.
Gaïac	4,3	Jaune clair	Très compact, dureté métallique	Menus ouvrages.
Bambou		Jaune et brun	Dur et ferme, nœuds	Petits meubles.
Teck	0,7	Gris brun	Solide, grain serré, inaltérable	Navires.
Santal	0,9	id.	Odorant	Petits ouvrages, coffrets.
Amaranthe		Rosé	Dur, prend un beau poli	Marqueterie.
Bois de rose		id.	Dur, résineux, odorant	id.
Bois de violette		id.	Sorte de palissandre	id.

Telle est la liste des différentes essences de bois avec leurs usages. Le débutant menuisier emploiera de préférence des bois grossiers et à bon marché, tels que le peuplier, le sapin, le bouleau ; il ne regrettera pas trop les matériaux indispensables pour ses essais préliminaires. Quand il se sera suffisamment exercé, et qu'il n'aura plus à redouter d'accidents pendant la fabrication, l'amateur pourra choisir des bois moins grossiers, et forcément plus coûteux, selon la destination que devront avoir les objets une fois terminés.

CHAPITRE IV

LE TRAVAIL DU BOIS

On désigne sous le terme générique d'*assemblage,* en charpente, l'ensemble des entailles creuses et en saillie au moyen desquelles on assujettit invariablement des pièces de bois les unes contre les autres. La manière dont deux pièces de bois se rencontrent déterminent différentes dispositions d'assemblage. Elles peuvent se rencontrer en faisant un angle, ce qui détermine trois cas :

1° Le bout d'une pièce peut porter sur un point de la longueur de l'autre. Un des principaux moyens employés dans ce cas est l'assemblage dit par *tenon* et *mortaise*. Le tenon est une saillie de longueur variable, ayant dans un sens mêmes dimensions que la pièce, et une largeur d'environ le tiers dans un autre sens. Il s'engage dans une cavité de même dimension que lui, pratiquée dans la pièce correspondante et appelée *mortaise*. Les parties conservées à droite et à gauche de la mortaise se nomment joues. Cet assemblage peut être droit ou oblique, et, dans ce dernier cas, on abat généralement une portion du tenon, perpendiculairement à la face d'ouverture de la mortaise. Quand l'une des pièces doit s'assembler obliquement sur l'autre, on ajoute un *embrèvement*. Cette modification consiste en une saillie qui règne sur toute la largeur de la pièce à tenon ; la pièce à mortaise est entaillée de la même quantité ; c'est l'*about* de l'embrèvement. Cet assemblage peut encore s'effectuer par encastrement quand l'une des pièces est d'un équarrissage plus grand que celui de l'autre. On peut encore citer, parmi les principaux assemblages à tenon et mortaise, celui qui se fait *sur l'arête*.

Quand on veut s'opposer à la séparation des pièces réunies, on recourt au procédé d'assemblage dit à *queue d'aronde* ou *d'hironde*, dont le nom lui vient de sa ressemblance avec une queue d'hirondelle. Il s'emploie généralement à mi-bois. Les pièces peuvent aussi être associées par leurs extrémités sans se dépasser ; cette disposition donne lieu aux assemblages plus spécialement désignés sous le nom d'assemblages d'*angle*. Les plus fréquemment usités sont ceux dits à *anglet* ou d'*onglet*. Les pièces peuvent se croiser et s'assembler également au moyen d'entailles ; tels sont l'assemblage ordinaire à mi-bois et celui à mi-bois avec embrèvement.

2° Deux pièces de bois peuvent se joindre en ligne droite ou *bout à bout*. Leurs assemblages portent alors le nom d'*entures*. Ces entures peuvent être verticales ou horizontales ; on peut citer parmi les premières celle à tenon et mortaise à mi-bois. Les entures horizontales les plus usitées sont : l'enture à queue d'aronde à mi-bois et le trait de Jupiter avec clé, destinée à résister aux efforts de traction.

3° Deux pièces de bois s'assemblent encore en s'ajustant longitudinalement l'une contre l'autre ; on les dit alors *jumelles*. Les assemblages de cette catégorie que l'on rencontre le plus fréquemment sont les assemblages à *udents carrés* ou *triangulaires*, les moises, destinées à embrasser ou à réunir des pièces faisant partie d'une même charpente. Les moises vont toujours deux par deux.

Les assemblages de menuiserie sont les mêmes que ceux employés pour les charpentes et qui viennent d'être énumérés ou ils en dérivent. Des modifications appropriées à l'équarrissage différent les pièces de menuiserie de celles de charpente. Ainsi, pour relier deux planches placées côte à côte, on peut employer l'assemblage à languette et à rainure dirivé du tenon et de la mortaise ordinaires.

Voici comment on procède à l'exécution des assemblages :

Assemblage par tenon et mortaise. — Les pièces qui doivent être réunies étant tirées d'épaisseur au riflard, dressées et bien équarries à la varlope, on les passe au trusquin qui trace exactement la largeur, en dessus et en dessous, des tenons et des mortaises. On arrête ensuite leur hauteur par un tracé à l'équerre.

Pour scier le tenon bien parallèlement, il faut suivre très exactement les trois lignes, non seulement celles de devant et de dessus que l'on voit, mais aussi celle de la face postérieure que l'on ne voit pas. Voici le procédé appliqué par les ouvriers, et qu'il faut employer pour réussir ; on indique par deux traits de scie, en avant et en arrière, la route que doit suivre la lame de la scie ; ainsi guidé, l'outil ne s'écarte plus de son chemin et le tenon peut être découpé d'une façon absolument correcte. On peut faire remarquer, en passant, que cette précaution peut être mise à profit dans de nombreuses autres circonstances. Veut-on, par exemple, percer un trou parfaitement régulier dans une pièce présentant une grande épaisseur ?... On le commence des deux côtés ; de cette façon on est certain d'éviter toute déviation dans le trajet.

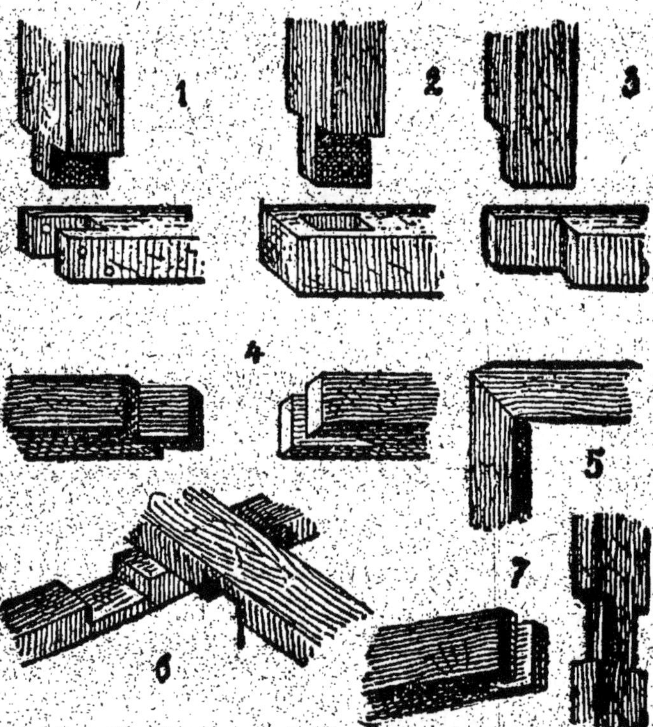

Fig. 64 à 70. — Assemblages par tenon et mortaise, systèmes divers.

La mortaise dans laquelle vient se loger le tenon doit présenter exactement les mêmes dimensions que celui-ci. Le tenon doit pénétrer à frottement, mais sans exiger cependant d'effort exagéré pour s'enfoncer dans la cavité. Il ne doit pas non plus ballotter, ce qui résulterait de ce qu'il a été trop aminci ou qu'on a fait la mortaise trop grande : l'entaille doit être juste proportionnée à la saillie.

La mortaise ne se creuse pas avec un ciseau à bois à lame plate ; mais bien plus facilement et surtout plus rapidement avec un bédane de même largeur qu'elle. L'assemblage par tenon et mortaise peut se faire, selon la destination des pièces, à deux, trois ou quatre arasements, comme le montrent les figures 64 à 70.

Assemblage à onglet. — Lorsque les ouvrages sont décorés de moulures, on emploie, comme moyen de liaison, l'assemblage dit d'*onglet*, qui s'opère toujours selon un angle de 45 degrés.

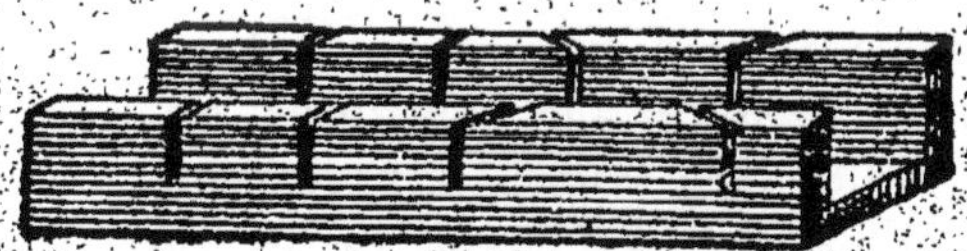

Fig. 71. — Boîte d'onglet.

Pour assurer l'exactitude de l'angle, et par suite de l'assemblage, on place les pièces à découper dans un appareil dit *boîte d'onglet* (Fig 71), qui offre un moyen certain de réussite même pour la main la moins exercée à diriger une scie en ligne droite. L'amateur peut construire lui-même une boîte à onglet à l'aide d'un bloc de bois dur qu'il dresse bien sur ses quatre côtés et dans lequel il creuse une gouttière assez grande pour recevoir les bois à scier. Au lieu d'un seul bloc, on peut aussi prendre une planche de hêtre ou de châtaignier assez épaisse et clouer à droite et à gauche deux rebords dépassant la planche de la hauteur de trois épaisseurs de doigt. Ces rebords sont pris dans le même bois que la planche du dessous, et lui sont réunis par collage ou clouage. On trace sur leur face supérieure, à l'aide d'une équerre à 45 degrés, deux lignes se croisant au fond de la boîte, lignes qui sont, par conséquent perpendiculaires. Avec une scie à lame épaisse, on entaille les côtés de la boîte jusqu'au niveau de la planche du fond. On peut en même temps donner deux traits de scie parallèles dans ces côtés, toujours dans le prolongement l'un de l'autre, mais non plus, ceux-là, à 45 degrés, car ils devront être rigoureusement perpendiculaires à la boîte. En possession de cette boîte, si l'on veut scier à angle droit, on placera la pièce à débiter dans la gouttière et la scie sera guidée par les entailles perpendiculaires ; pour préparer un assemblage à onglet on engagera la lame dans les fentes traversant les rebords selon l'angle de 45 degrés, et on aura une coupe absolument exacte, la scie, ni le morceau à couper ne pouvant dévier.

Assemblage en bout. — Les assemblages en bout sont employés pour rallonger les pièces de bois ; toutefois les charpentiers en font un plus fréquent usage que les menuisiers. Les principales manières de réaliser ces liaisons de pièces sont dites à *mi-bois*, en *bec de flûte* ou *sifflet*, en *traits de Jupiter*. Ces noms suffisent à indiquer comment s'opèrent ces assemblages qui sont représentés sur les fig. 72 à 77, et portent les noms de *rallonge à mi-bois, mi-bois carré, mi-bois rentré, enfourchement à mi-bois, mi-bois à queue recouverte ou à queue percée, en sifflet simple ou à crochet,* etc. Le joint dans ces assemblages, est consolidé par

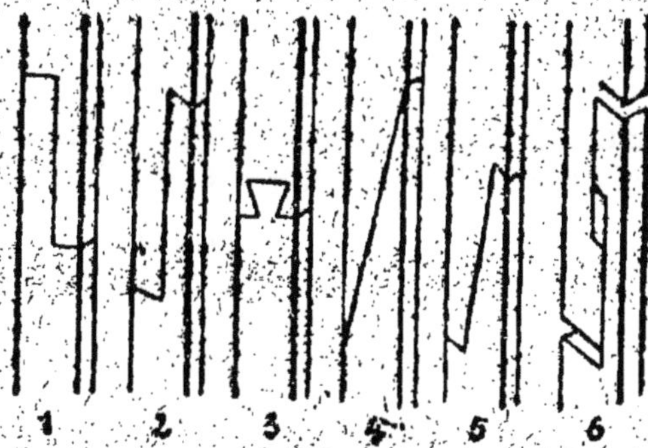

Fig. 72 à 77. — Assemblages en bout.

des frettes en fer. Dans la variété dite en *trait de Jupiter,* on remarque trois formes différentes d'assemblage, mais la plus usitée est l'assemblage à clé ou à coin, maintenant d'une manière inébranlable les pièces ainsi associées et placées dans le prolongement l'une de l'autre.

Un assemblage que les menuisiers ont plus fréquemment l'occasion de réaliser est l'assemblage par languette de deux planches posées, non plus bout à bout, mais à côté l'une de l'autre. La languette et la rainure correspondante sont pratiquées sur le côté de chaque planche à l'aide de bouvets appropriés, tels que ceux qui ont été décrits un peu plus haut.

Assemblage à queue d'aronde. — Ce système sert à réunir des pièces formant entre elles un angle droit, ou deux pièces disposées parallèlement, et dans ce dernier cas, la traverse servant de barre de liaison est taillée à ses deux extrémités en queue d'aronde. Ce n'est pas autre chose qu'une variété de l'assemblage par tenon et mortaise dans laquelle ces deux pièces, au lieu de présenter un profil rectangulaire et des angles droits, sont plus larges à une extrémité qu'à l'autre, ce qui donne beaucoup plus de solidité à l'agencement. C'est le genre d'assemblage auquel il convient

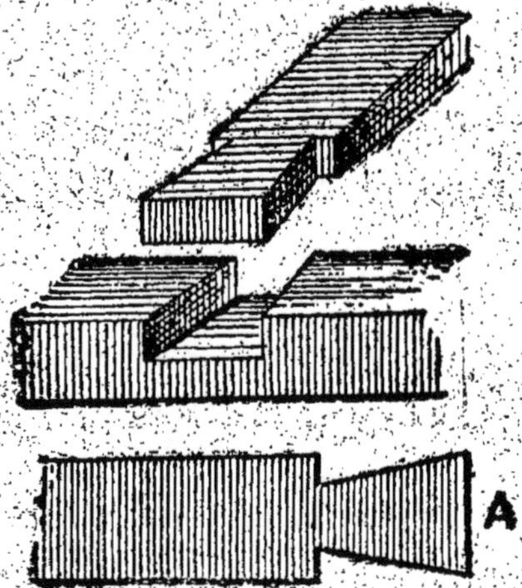

Fig. 78 et 79. — Assemblage dit à queue d'aronde. A, Queue d'hironde.

de recourir chaque fois que l'on tient à donner une inébranlable rigidité à une construction quelconque et éviter que deux pièces disposées parallèlement ne viennent à s'écarter et se séparer (Fig. 78 et 79).

Montage des pièces

Lorsque l'amateur est parvenu à réussir correctement les diverses opérations énumérées jusqu'ici et qu'il sait tailler les divers assemblages qui viennent d'être décrits, il peut s'essayer à monter des pièces d'abord très simples. La meilleure méthode à suivre est celle que nous avons indiquée et qui consiste à faire toutes les coupes sur l'établi, ainsi que le dressage au moyen de la varlope et du rabot. A défaut d'établi, un débutant peut se contenter d'un petit meuble dans le genre de celui que les menuisiers appellent *planche à dresser*, et qui se compose d'une simple planche de 25 centimètres de largeur et 0 m. 60 de long, sur laquelle on fixe au moyen de vis à tête plate, une planche de 0 m. 15 de large sur 3 centimètres d'épaisseur, de manière à laisser sur le côté droit, la planche inférieure en saillie de 0 m. 10. A l'extrémité de cette planche est agencé exactement à angle droit, un taquet servant à buter la pièce que l'on veut dresser.

On se sert du rabot (ou de la varlope pour les pièces de grande dimension), en plaçant l'outil sur le côté et en le faisant glisser sur le côté de la planche. S'il s'agit seulement de dresser la pièce, on la pose à plat sur la planche supérieure. Si l'on veut faire une coupe en biseau, on la trace au crayon ou, mieux, au trusquin, puis, en inclinant plus ou moins la planchette, on abat le rebord selon l'angle désiré.

Il y a un moyen très expéditif de biseauter d'un seul coup et avec une parfaite régularité tous les côtés d'une corbeille, fût-elle à six ou huit pans. Pour cela, il faut d'abord bien dresser les côtés avec le rabot, ainsi que cela vient d'être dit, tracer au compas, ou, mieux, à l'aide du trusquin, la largeur du biseau, puis superposer les planchettes en les faisant déborder l'une sur l'autre de la largeur du biseau. Pour qu'elles ne se déplacent pas, on peut les réunir les unes aux autres, soit avec des pointes à placage, soit avec des ligations transversales bien serrées et que l'on enlève ensuite. L'ensemble des planchettes réunies de manière à constituer un bloc d'une seule pièce, est serré dans la presse du banc de menuisier. Cela fait, au moyen du rabot et de la varlope, on abat à la fois l'angle de toutes les planchettes ainsi juxtaposées et on produit le biseau sur toutes à la fois en une seule opération. S'il faut produire un biseau sur chacun des quatre côtés des planches, on décloue celles-ci et on recommence la même opération sur une autre face.

Dans le cas où l'on opère sur une face de bois de bout, c'est-à-dire en coupant la veine, il faut avoir soin de donner très peu de fer au rabot afin d'éviter de faire sauter l'angle d'une des planchettes.

Une autre manière de monter consiste à préparer les coupes à la lime et présente moins de difficulté pour s'exécuter, mais il fournit des résultats moins précis. Après avoir tracé la coupe, on appuie la planchette sur l'angle d'une table en inclinant plus ou moins afin de donner la coupe voulue. On abat ensuite l'angle à l'aide de la lime en maintenant la pièce à l'aide de la main gauche.

Pour les morceaux minces et de trop petite dimension, on a imaginé une presse très simple et qui présente une très grande commodité pour les maintenir.

De toute façon, il faut recommander aux amateurs, lorsqu'ils veulent exécuter un travail quelconque, de procéder autant que possible géométriquement, et à tracer sur le bois même le profil de la pièce à construire. Lorsque l'ajustage des angles est préparé, on peut commencer à préparer l'assemblage et la jonction des pièces.

Collage et mise en presse

Il faut employer, pour avoir une liaison solide une fois le séchage opéré, de la colle-forte de Givet, fondue dans un récipient chauffé au bain-marie sur une lampe à alcool. Ce produit est préférable aux colles-fortes préparées à froid, bien que, suivant la réclame connue, elles collent tout... même le fer ; il a l'avantage de prendre plus vite et de fournir un assemblage extrêmement solide.

Si les ajustages ont été bien préparés, il suffit d'étendre une couche de colle très peu épaisse sur les deux morceaux à rejoindre, la prise est facilitée en chauffant légèrement les morceaux avant de les appliquer l'un contre l'autre.

Si l'objet comporte un grand nombre de pièces, il ne faut arrêter le montage qu'une fois tous les morceaux réunis et collés ensemble, autrement on s'exposerait à avoir un espace trop grand ou trop petit, au moment de placer le dernier fragment. Dans ce cas, il est préférable, dès que l'on a mis deux ou trois pans en place, de les fixer l'un à l'autre et au fond à l'aide de petits fils de fer très fins semblables à ceux dont les fleuristes font usage, et procéder de la même façon jusqu'au dernier. On laisse sécher et on enlève les fils de fer qui tiennent le fond. On ajuste ensuite les pièces suivantes de la même manière. Cette méthode s'applique à tous les objets dont les différents morceaux constitutifs forment les uns avec les autres des angles plus ou moins aigus.

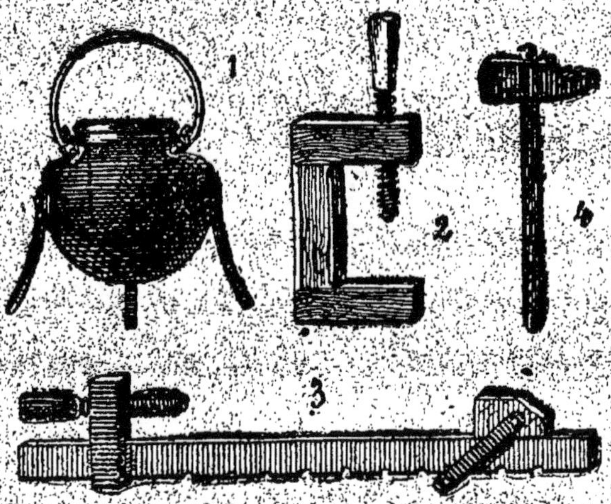

Fig. 80 à 83. — Pot à colle forte au bain-marie — Presse
Serre-joint — Marteau.

Lorsque l'objet que l'on monte est en bois présentant une certaine épaisseur (7 à 8 milli-mètres), on peut, au lieu de fil de fer, employer de fines pointes à placage ; si le bois est dur, du chêne ou du frêne, par exemple, il suffit de planter préalablement la pointe dans une boulette de cire jaune pour qu'elle puisse en-suite s'enfoncer sans plier dans le bois. Il ne faut faire usage, pour frapper sur la pointe, que d'un petit marteau d'horloger à tête très légère (Fig. 83).

Le collage une fois opéré, les pièces en contact doivent être fortement serrées les unes contre les autres, et on utilise dans ce but des presses à bois (Fig. 81), quand ces pièces sont de petites dimensions. Si, au contraire, les pièces à maintenir sont assez grandes, il faut recourir aux serre-joints. appelés, par corruption *sergents* (Fig. 82). Ces instruments tiennent les assemblages exactement joints pendant qu'on les cheville, ou que la colle se fige. L'amateur peut construire lui-même les presse dont il a besoin, sauf la vis et son écrou que l'on trouve chez les quincailliers; ces accessoires lui reviendront ainsi à bien meilleur marché. Les presses ordinaires sont avec vis en bois ; il faut avoir soin de les conserver dans un endroit sec quand on ne s'en sert pas, autrement l'humidité ferait gonfler la vis, l'immobiliserait dans son écrou et on risquerait de la briser en essayant de la forcer à se mouvoir.

Vernissage du bois

Voici quelques conseils pratiques, que nous extrayons de notre ouvrage les *Industries d'amateurs*, relativement au vernissage des objets de petite menuiserie :

On sait qu'il existe deux sortes de vernis : le vernis *copal*, qui s'applique à l'aide d'un pinceau, et le vernis *au tampon*.

Le premier est d'une application très facile : il suffit d'en badigeonner la surface que l'on veut enduire, toutefois quelques précautions sont à observer. D'abord, il ne faut pas trop charger le pinceau de vernis pour ne pas l'empâter ; ensuite il est bon d'en donner plusieurs couches successives afin d'obtenir un brillant suffisant. Il faut laisser bien sécher chaque couche avant d'en appliquer une nouvelle.

Le vernis *au tampon* donne un résultat bien supérieur à celui que fournit le vernis copal, mais son application est plus longue et beaucoup plus difficultueuse, surtout pour le débutant, qui fera bien de s'exercer d'abord sur des morceaux sans valeur, avant de se risquer à entreprendre le vernissage d'un objet quelconque. Voici comment s'exécute cette opération, dans laquelle excellent les ébénistes auprès de qui on aura avantage à prendre quelques leçons :

Que le bois soit plein, découpé ou évidé, on fixe la pièce à enduire sur une planchette de sapin à l'aide de pointes de placage que l'on enfonce à fond. On imbibe ensuite un chiffon de flanelle d'huile de lin et on frotte très également toute la surface du bois. Celui-ci ainsi enduit, on le frotte soit avec un morceau de pierre ponce, soit avec un papier de verre très fin, dont on entoure un petit prisme de bois que l'on tient dans la main, afin d'avoir plus de prise. On doit poncer en coupant toujours la veine du bois et non dans le sens des fibres. Quand on reconnaît, en passant le bout du doigt, que le bois est devenu bien uni, on nettoie avec un linge fin.

Le tampon servant à étaler le vernis est constitué comme suit : on prend un morceau de laine ou de flanelle, on en forme une boule grosse comme un œuf, on l'enveloppe d'un double de toile usagée, de manière à former une *queue* qui se tient à pleine main. Pour *charger* le tampon, on l'ouvre et on verse à l'intérieur une petite quantité de vernis spécial dit *vernis à tampon*, que l'on trouve chez les marchands de couleurs et de vernis. Une fois le tampon chargé, on le pétrit entre les doigts pour répartir le produit dans toute la masse, puis on commence à frotter sur le bois *en tournant*, autrement en faisant décrire des circonférences continuelles. Les premiers coups doivent être donnés sans appuyer ; il faut éviter de repasser trop souvent à la même place, c'est pourquoi, lorsque les morceaux à vernir sont petits, il est bon d'en assujettir plusieurs à côté l'un de l'autre sur la planche de support, afin de pouvoir promener le tampon de l'un à l'autre. On tâche ainsi de vernir toutes les pièces en une seule opération.

Il ne faut pas s'étonner si, dès les premiers coups de tampon, la surface ne semble pas se vernir : il doit, au contraire, en être normalement ainsi, autrement c'est qu'il y aurait trop de vernis dans le tampon, et le résultat serait de faire ressortir les pores du bois, ce qui obligerait à poncer de nouveau, d'où une perte de temps.

Après les premiers coups de tampon, on peut répandre sur l'objet une pincée de pierre ponce en poudre, les pores du bois sont plus vite remplis, et on accélère l'opération.

Lorsque le tampon commence à sécher, on le recharge et on continue à frotter en appuyant davantage à mesure que l'opération s'avance ; de temps en temps on met, soit sur le tampon, soit sur le bois, une petite goutte d'huile de lin ; mais ne vous laissez pas prendre au brillant que cette goutte donne de suite au bois et qui disparaît dès les premiers coups de tampon ; si vous mettez trop d'huile, le brillant ne durera que quelques instants.

et vous arriverez difficilement à polir. Pour que le tampon fonctionne bien, il faut, pendant les trois quarts de l'opération, que le vernis paraisse mat et gras ; vous devez voir chaque coup de tampon ; ce n'est qu'à la fin, quand tous les pores du bois sont bien remplis, qu'en frottant plus vivement et presque à sec, on voit paraître le brillant.

Enfin on peut, pour terminer, employer un tampon que l'on charge avec quelques gouttes d'esprit de vin ; en le passant légèrement sur l'objet verni, on obtient un très beau brillant.

Nous recommandons surtout aux amateurs de ne jamais arrêter le tampon sur le bois pendant l'opération, car cela ferait tache.

Parfois il arrive qu'après un certain travail, on s'aperçoit que le vernis ne prend pas bien ; c'est que l'opération aura été mal commencée ; on aura mis trop de vernis ou trop d'huile ; dans ce cas, que l'on ne s'obstine pas ; passez de nouveau le papier de verre très fin et usagé, ou la pierre ponce, et reprenez l'opération dès le commencement.

Vernissage avec les vernis de couleur. — Avant de recommander aux amateurs les vernis de couleur, dit un spécialiste, M. J. Carante, nous avons eu la conscience de les expérimenter, non pas au point de vue chimique, — c'eût été sans importance, mais au point de vue des utilités pratiques, et voici les conclusions que nous avons à formuler sur les teintes que nous avons manipulées pures ou additionnées d'alcool, au tampon, au pinceau et de toute autre manière.

D'abord, nous avons constaté que ces vernis étaient très chargés de couleur, immense avantage qui permettait d'utiliser à volonté toute l'intensité de la teinte ou de l'atténuer par un mélange plus ou moins considérable d'alcool ou de vernis ordinaire ; que les couleurs de provenance végétale, loin d'empâter les vernis et de nuire à leur manipulation, se combinaient admirablement avec l'esprit de vin, et qu'elles subissaient, aussi aisément que la gomme laque, l'action conductrice du liquide auquel elles sont mêlées. L'inconvénient que nous leur avons reconnu, et qu'il suffit de signaler pour s'en prémunir, serait celui-ci, si l'on n'y prenait garde : la surface à vernir ne recevrait pas une teinte uniforme, et la couleur se déposerait par intermittences ou par plaques plus accentuées, plus foncées, dans certaines parties que dans d'autres, soit que le tampon se décharge naturellement, soit qu'il se promène inégalement partout, résultat inévitable de la surchage de vernis ou de l'inhabileté de la manipulation, excès ou inconvénient qui est susceptible de se produire dans l'emploi des vernis ordinaires, et qui, dans le cas présent, se complique de l'inégale répartition de la couleur. Le tampon, comme la main du reste, aurait donc à lutter tout à la fois contre les forces extensives de la couleur et du vernis.

Un emploi meilleur et qu'après expérience nous pouvons signaler, serait d'additionner les vernis colorés d'alcool ou mieux encore de vernis d'ordinaire ; on arriverait, par la superposition de couches successives, plus lentement mais plus sûrement, au même effet, c'est-à-dire à l'égale répartition de la couleur : c'est une des propriétés de ce genre de vernis qui nous a le plus préoccupé et une difficulté que nous avons résolue par une proportion de mélange à parties égales ou disproportionnelles. Ajoutons, pour ne rien négliger, que quelques gouttes de ces vernis conventionnels jetées dans les vernis ordinaires, non seulement les relèvent, mais en modifient notablement la teinte et, sous ce rapport, remplacent avantageusement l'emploi des matières premières, dont il faut attendre la dissolution, et qu'on ne sait pas toujours proportionner au degré voulu.

C'est une première manière, mais il y a mieux encore, et surtout pour la découpure, un parti plus avantageux à tirer de ces vernis. On court à la recherche des procédés de transformation et de dénaturalisation des bois, on demande à la science des indications, des notions précises plus ou moins réalisables, tandis qu'on a sous la main le plus simple, le plus économique de tous. Qui empêcherait d'employer comme teinture les vernis colorés, non pas purs et sans modifications, mais travaillés, additionnés d'alcool, appropriés et rendus aptes à être utilisés au pinceau ou sous forme de bains, où seraient plongés les bois naturels pour sortir de là avec des apparences radicalement contraires à leur aspect originaire ?

Du bois le plus commun vous pourrez, grâce au vernis, obtenir des transformations qui accuseront à volonté les plus riches nuances des bois exotiques, qui même les imiteront à s'y méprendre. Le résultat est subordonné à la manipulation, et cette manipulation est à la portée de tout le monde, puisqu'elle consiste à dédoubler les vernis et à en imbiber les bois par application ou par immersion. Dans le premier cas, la réduction des vernis est appliquée au pinceau, sur le bois brut ou largement imbibé d'huile de lin, et sans économie de liquide ni de matière. Dans le second cas, qui est infiniment préférable, quand toutefois la dimension des pièces le permet, il n'y a pas à tempérer l'absorption, le bois se sature de lui-même et prend une teinte beaucoup plus uniforme. La teinture n'exclut pas l'action du tampon ; celui-ci est même indispensable pour donner aux bois ainsi transformés, du brillant, de l'éclat et de la vivacité, car les vernis couchés, d'une façon ou de l'autre, sont et demeurent mats.

Coloration artificielle du bois

Voici, pour terminer ce chapitre, quelques recettes pratiques pour produire la coloration des bois et leur donner artificiellement la teinte de bois exotiques, tels que l'ébène et l'acajou entre autres. Nous empruntons ces recettes à M. Daniel Bellet, l'ingénieur bien connu par ses ouvrages de vulgarisation.

Teinture en noir du bois de poirier. — Tout d'abord il est nécessaire de donner à la pièce de menuiserie que l'on veut teindre et changer de couleur, et pour cela, on mélange une partie d'huile de lin bouillie avec deux parties de vernis gomme-laque à l'alcool. On agite bien ce mélange afin de le rendre parfaitement homogène, et on en applique une petite quantité sur la surface du bois à l'aide d'un chiffon. On frotte ensuite longuement jusqu'à ce que l'on ait obtenu le poli désiré.

Cette première opération achevée, on mélange deux parties de noix de galle pulvérisée avec 45 parties de vin ordinaire, et on laisse séjourner cette liqueur pendant plusieurs jours dans une atmosphère chaude, puis on la transvase en la filtrant si c'est nécessaire, et on y ajoute une petite quantité d'eau. On badigeonne le bois à teindre avec ce produit, et il perd sa teinte rougeâtre pour devenir noir ; il est bon de passer plusieurs couches successives, en laissant sécher la précédente ; alors le poirier devient d'un beau noir et il peut être ensuite verni ou encaustiqué.

On peut encore faire dissoudre 20 parties en poids de chlorhydrate d'aniline dans 300 parties d'eau, et on ajoute à cette solution une partie de chlorure de cuivre. On applique ce liquide à chaud, puis quand le bois est redevenu parfaitement sec, on étend une autre couche faite de 20 pour 100 de bichromate de potasse dans 400 parties d'eau (50 grammes de bichromate par litre d'eau). Le noir obtenu est très intense.

Teinture du bois en ébène. — Dans 27 litres d'eau on fait dissoudre 2 kil. 500 de gomme-laque rouge en écailles, bien broyée, puis 1 kil. 500 de borax pulvérisé et enfin 0 kil. 500 de couleur noire d'aniline, et on étend ce mélange au pinceau. Mais ce procédé ne donne pas des résultats aussi satisfaisants que la suivante. Pour réussir, il ne faut employer toutefois que des bois durs, serrés et à grain fin, susceptibles de tromper les yeux à moins d'un examen approfondi. Pour donner au bois choisi une teinte noire durable, vous commencez par y passer une couche de dissolution de camphre pulvérisé, puis une couche de solution de noix de galle et de sulfate de fer ; tout ceci, vous pouvez vous le faire préparer par un marchand de produits chimiques. Quand le double enduit est bien sec, vous frottez la surface du bois avec une brosse bien dure, par exemple en chiendent, puis avec du charbon de bois léger et friable comme du fusain, et réduit soigneusement en une poudre, où il ne se retrouve aucun grain susceptible de rayer le bois. On applique ce charbon à l'aide d'un tampon d'étoffe ou même d'un morceau de bois tendre. Lorsque vous avez passé une couche de charbon, vous frottez à nouveau le bois avec un tampon imbibé d'huile de lin et d'essence de térébenthine, et vous recommencez plusieurs fois de la même façon, jusqu'à obtenir l'apparence désirée.

Formules pour donner aux bois la couleur de l'acajou. — Faire bouillir pendant deux heures, dans deux litres d'eau, 250 grammes de bois de campêche et 30 grammes de bois jaune (se servir d'un vase de terre ou de cuivre, car un vase de fer donnerait une teinte noire à la couleur).

Appliquer sur le bois trois ou quatre couches de cette composition, suivant qu'on désire obtenir une teinte plus ou moins foncée. En lavant légèrement avec de l'eau additionnée de quelques gouttes d'acide sulfurique, la couleur devient rouge, et, s'il y a une plus forte dose d'acide sulfurique, elle prend une teinte rouge cerise, avec des reflets jaunes. En séchant, elle devient d'un violet sale, mais la couleur reprend tout son éclat lorsqu'on l'a frottée avec l'encaustique suivante :

100 grammes cire jaune ;
108 grammes essence de térébenthine.

Faire fondre au bain-marie.

Voici une autre méthode de procéder :

Pour donner au bois l'apparence de l'acajou, voici une recette. Dans 600 parties d'alcool, vous faites dissoudre 30 parties de sang-dragon ; puis 22 parties et demie de soude.

Vous filtrez la mixture et vous en frottez la surface du bois à traiter, après toutefois que vous l'aurez enduit d'une certaine quantité d'acide nitreux. Pour ce dernier produit, il semble inutile de recommander de ne l'employer qu'avec de grandes précautions.

On peut encore faire dissoudre dans 27 kil. 500 d'eau un dixième en poids de gomme-laque en écailles orange, pulvérisée préalablement, la dissolution étant plutôt une mise en suspension, puis 1 kil. 380 de borax broyé, enfin 0 kil. 550 d'une couleur d'aniline de teinte acajou et soluble dans l'eau. La teinture, appliquée sur le bois bien nettoyé et poli, une fois sèche, on peut vernir la pièce ou la passer à l'encaustique, selon qu'on désire qu'elle soit brillante ou simplement mate.

Coloration du bois, lui donnant la teinte du noyer. — Au lieu du classique brou de noix, on peut plutôt se servir d'une teinture qui donne d'autres résultats, et donne bien au bois l'apparence du noyer. On la compose de 2.25 kil. de gomme laque en écailles grenat, de 1.13 kil. de borax pulvérisé (comme la laque), enfin de 0.466 kil. de couleur d'aniline teinte noyer, et soluble dans l'eau, le tout dans 22.5 kil. d'eau.

CHAPITRE V

LES PETITS TRAVAUX DE MENUISERIE

Que l'amateur peut entreprendre

Quels sont les ouvrages que l'amateur peut entreprendre avec espérance de les mener à bien, lorsqu'il sait se servir de ses outils ?

La première chose qui paraît s'imposer, en pareille circonstance, c'est l'ameublement de la pièce devant tenir lieu d'atelier, et dont les murs doivent être garnis de tablettes destinées à recevoir les outils, et les nombreuses boîtes pour les pointes de toute espèce, les chevilles, les vis, clous, etc., dont on a besoin à tout instant. En confectionnant ces boîtes, ces tiroirs et ces tablettes, on se perfectionnera dans le maniement des rabots et de la scie, et on acquerra l'habileté voulue pour réussir ensuite dans des travaux plus délicats et plus compliqués.

Les tasseaux devant recevoir les tablettes seront découpés par paires dans de petits carrés de bois ; c'est là un bon exercice pour apprendre à conduire correctement la scie à chantourner.

Pour fixer les rayons d'une étagère, on

pourra, au lieu de tailler des tenons, se contenter de vis à tête plate, que l'on enfonce par derrière et dont on incruste la tête dans le bois en agrandissant le trou à l'entrée, ce qui s'appelle fraiser.

On a besoin à tout instant de pointes de toutes dimensions ; il faut donc des tiroirs divisés en casiers contenant chacun une espèce ou une grandeur différente de ces accessoires indispensables et dont on se sert à tout instant.

Le moyen le plus simple de construire une boîte à compartiments consiste à découper d'abord les planches devant constituer les côtés et le fond de la boîte, à la grandeur que l'on a

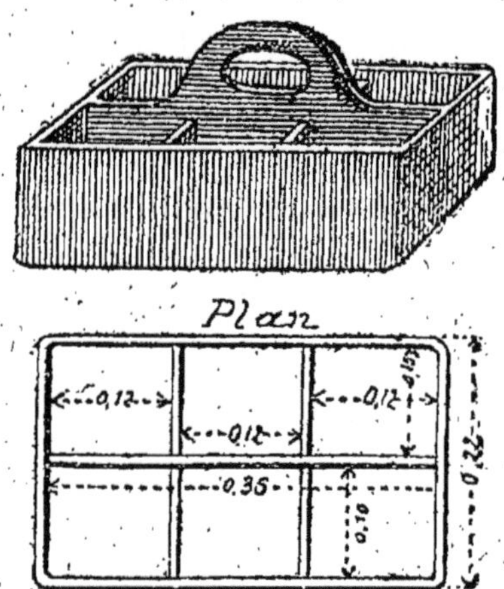

Fig. 84 et 85. — Boîte à compartiments — Plan avec côtés.

déterminé. Supposons que cette boîte, devant pouvoir être transportée partout où l'on en aura besoin, doive contenir, non seulement des clous, mais les outils usuels. On fera alors la boîte avec des casiers et une poignée pour permettre de la saisir commodément. On lui donnera les dimensions indiquées sur la fig. 84, c'est-à-dire 0 m. 36 de longeur, 0 m. 25 de large et 0 m. 12 de haut, avec une séparation médiane plus haute et percée d'une ouverture ovale pour passer la main.

On scie donc : 1° deux planches de même grandeur : 0 m. 36 de long sur 0 m. 12 de large ; 2° une planche de même longueur, mais 0 m. 18 de haut ; 3° deux morceaux de 0 m. 25 sur 0 m. 12 pour les petits côtés, et 4° un morceau de 0 m. 25 × 0 m. 36 pour le fond de la boîte. Ces six morceaux une fois débités, on les dresse au rabot et à la varlope, afin de bien les planer, puis on dessine l'ouverture de la planche du milieu et on la découpe à l'aide du bocfil, après avoir percé un trou au vilebrequin ou au bocfil pour introduire la laine. On découpe également, à la scie à chantourner, le contour arrondi donné à la partie supérieure de la planche de séparation, et on abat l'angle de cette planche, à droite et à gauche, en arrondissant le biseau par le frottement de la râpe à bois.

Cette planche préparée à part et terminée, on trace au crayon et on débite les morceaux devant constituer les casiers de la boîte. Ces morceaux mesureront 0 m. 12 sur chacun de leurs côtés ; ils sont dressés et planés comme les précédents et ils seront au nombre de six si la boîte doit comporter six compartiments.

Le procédé de liaison le plus simple de tous ces fragments les uns aux autres, consiste à les clouer. Pour cela, on commence par clouer les deux petits côtés de la boîte aux deux grands. On trace une ligne au crayon indiquant le milieu de chaque petit côté (à l'intérieur de la boîte), et on met en place la planche médiane que l'on cloue aux petits côtés à l'aide de pointes enfoncées de l'extérieur, après avoir pris toutefois la précaution de la munir, à droite et à gauche, des morceaux carrés devant constituer les séparations entre les comparti- ments. Ces morceaux, une fois en place, sont rattachés aux grands côtés de la boîte par des pointes régulièrement espacées. Ce n'est que lorsque toutes ces séparations sont bien assu- jetties les unes aux autres que l'on met en place le fond et qu'on le cloue aux quatre côtés, à la planche du milieu et aux cloisons des compar- timents.

Ce mode de liaison des divers fragments constitutifs d'un objet tel qu'une boîte, est un peu primitif et est loin de valoir un assem- blage du genre de ceux que nous avons décrits dans un précédent chapitre. C'est pourquoi l'amateur devra s'appliquer à reproduire ces opérations essentielles et en quelque sorte fon- damentales de l'art du menuisier, car il fau- dra employer les assemblages à tenon et mor- taise ou à queue d'aronde quand on voudra construire une pièce un peu soignée, ne fût-ce qu'une boîte à dominos ou à jeux de cartes.

Il est nécessaire, avant de mettre les maté- riaux en œuvre, de dessiner, ou au moins dresser un croquis de l'objet que l'on se pro- pose de fabriquer : on se rend ainsi compte d'avance, des difficultés que l'on rencontrera dans l'exécution. Par exemple, si l'on désire construire une boîte soignée, on peut utiliser une série d'assemblages à tenons opposés s'em- boîtant dans les entailles correspondantes de l'autre pièce. Il faut des planches assez minces que l'on découpe en une série de languettes équidissantes ou de dents de même largeur que les entailles les séparant les unes des autres. Dans chaque pièce à réunir, les languettes ou tenons de l'une correspondent aux vides de l'autre, et *vice versa*, si bien que l'emboîture s'opère très aisément.

Les longs et les petits côtés de la boîte sont ainsi dentés sur trois côtés, et le fond sur quatre. Quand on procède au montage, on commence par associer les côtés deux à deux, puis on met le fond en place et on termine par le dernier petit côté, dont les saillies doivent pénétrer dans les creux des deux côtés et du fond correspondants. Bien entendu le montage doit être consolidé par le collage ; on enduit de colle-forte chaude et assez liquide, les trois faces de chaque tenon et les côtés de chacune des entailles ; on essuie avec un chiffon de toile propre, l'excès de colle qui reflue sur les bords, puis on serre la boîte montée dans une presse jusqu'au séchage.

Lorsqu'on veut construire des boîtes ou des tiroirs très solides, il faut associer les côtés par des assemblages à queue d'aronde qui donnent le précieux avantage de s'opposer à toute

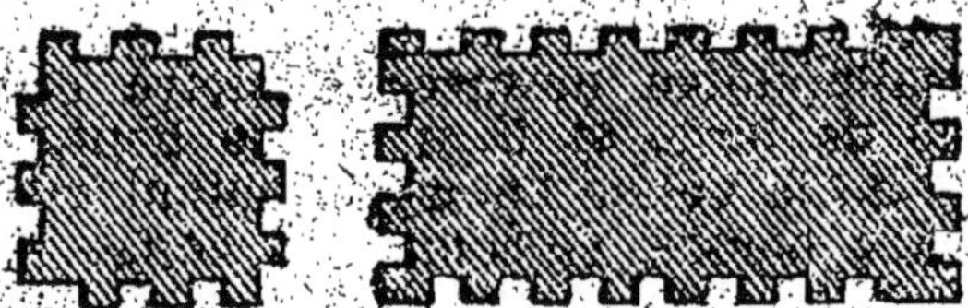

Fig. 86 et 87. — Côtés d'une boîte assemblée à tenons multiples.

dislocation au cas où l'on viendrait à tirer les faces opposées dans des directions contraires. Les encoches où doivent se loger la partie élargie des tenons sont tracées sur le bois avec la plus grande exactitude ; leurs angles doivent être rigoureusement identiques, il n'est pas besoin de le rappeler, de manière à ce que l'emboîtage s'opère sans difficulté et sans cependant laisser aucun jeu (Fig. 86 et 87).

Le couvercle de la boîte, lorsque celle-ci comporte un couvercle, est fabriqué ensuite ; il s'ajuste, soit à coulisse dans une rainure pratiquée dans les deux longs côtés à l'aide du bouvet, soit avec des charnières fixées par des vis, selon l'usage auquel on destine la boîte.

Si l'on hésitait dans la manière de procéder pour mener à bien certains travaux, on pourrait recourir aux lumières d'un professionnel : ébéniste ou menuisier, mais il faut aussi se fier à sa propre expérience et aux observations que l'on aura pu faire en travaillant. Si, par exemple, on ne comprend pas bien l'assemblage d'une boîte, on en démontera une prise comme modèle, puis on en remontera deux en même temps, la vieille et la neuve.

Construction d'une malle. — L'amateur peut entreprendre et réussir la construction d'une malle de grandeur moyenne, s'il prévoit que cet objet lui sera un jour utile. Supposons que cette malle doive mesurer 1 mètre de long, 0 m. 60 de large et 0 m. 80 de haut. On se procure de la volige de sapin, autant que possible, sans nœuds, et comme la volige mesure 0 m. 12 de large, il faudra 6 voliges de 4 mètres de long, ou 24 mètres pour la malle, et une de plus si l'on veut faire un double fond. La volige a une épaisseur de 1 centimètre.

On commence par débiter les morceaux nécessaires à la scie à refendre ; il faut 1° pour chacun des grands côtés de la malle, six morceaux de 1 mètre ; 2° pour les petits côtés, six autres morceaux de 0 m. 60 ; 3° pour chacun des fonds, 5 morceaux de 1 mètre. Tous ces fragments sont d'abord rabotés des deux côtés et leurs côtés bien dressés, puis on taille la languette et on creuse la rainure correspondante dans chacune de ces planches, à l'aide du bouvet, afin de les juxtaposer et de les lier ensemble. On colle d'abord ces morceaux à la colle-forte deux par deux, puis on les maintient bien serrés à l'aide de deux ou trois presses à bois disposées sur la longueur ; l'assemblage de deux morceaux une fois sec, on enlève les presses, et on associe ensemble, par la même méthode, deux de ces morceaux composés de deux pièces chacun. On recommence deux fois cette manœuvre pour obtenir finalement deux plateaux de 1 mètre sur 0 m. 80, deux plateaux de 0 m. 60 sur 0 m. 80, constituant les quatre côtés de la malle, et un plateau de 1 mètre sur 0 m. 60 formant le fond. Quant au couvercle, on le prépare avec cinq planches de 1 mètre que l'on cintre en les mouillant d'un côté, alors que l'on expose l'autre à l'action d'un feu de copeaux. Sous la double influence de l'humidité et de la chaleur, le bois se courbe et l'on donne aux planches la convexité voulue. Ces planches, une fois cintrées, sont légèrement amenuisées à leurs deux extrémités, qui sont rendues ainsi plus étroites que la partie médiane ; grâce à cet artifice, elles peuvent se joindre en formant un dos bombé, composé de cinq morceaux, juxtaposés comme les précédents par languettes et rainures, puis collés et mis sous presse jusqu'à parfait séchage.

On dispose alors de quatre plateaux, deux longs et deux courts, composant les quatre côtés de la malle, d'un autre plateau pour le fond et d'une pièce bombée pour le couvercle. Les deux petits côtés étant plus hauts que les côtés

longs on les découpe, en arc de cercle, à la scie
à chantourner, pour leur donner le contour du
couvercle bombé. En possession de ces six
pièces, on procède au montage qui s'effectue,
comme pour la boîte à dominos décrite plus
haut au moyen d'assemblages à queue d'hironde
ou à tenons multiples, ce qui est plus
simple, et, dans le cas qui nous occupe, tout
aussi solide.

Les six côtés une fois réunis et collés, on
renforce le fond par trois traverses longitudinales
de section rectangulaire et les côtés
par des planchettes entourant les quatre côtés,
enfin on termine en posant une bandelette de
feuillard mince tout autour de la malle qui se
trouve terminé. A défaut de feuillard, des morceaux
de fer-blanc, provenant de vieilles boîtes
à sardines, fourniront des équerres pour consolider
les angles.

La malle forme alors une boîte sans ouverture ;
on trace tout autour, à 65 centimètres
au-dessus du fond, une ligne que l'on suit très
exactement à la scie pour séparer cette boîte
en deux morceaux, dont l'un constituera le couvercle.
Ce couvercle sera ensuite fixé à la malle
par deux charnières et muni d'un moraillon sur
la face avant, moraillon s'engageant dans l'ouverture
d'une serrure encastrée dans la malle,
où une entaille est pratiquée au ciseau pour la
recevoir. Les charnières, le moraillon et la
serrure sont fixés au bois au moyen de petites
vis.

Il ne reste plus, pour parachever l'œuvre,
qu'à donner deux couches de peinture noire à
la caisse, puis la couleur une fois sèche, une
couche de vernis, à moins que l'on ait employé
de la peinture laquée brillante. On a posé les
deux poignées, indispensables pour soulever la.

caisse une fois pleine d'objets, avant de badigeonner le bois ; ces poignées, qui se vendent chez les quincailliers, se fixent au moyen de vis, les ferrures fixes étant encastrées dans le bois, de la même façon que la serrure.

Le double fond est formé d'un cadre de voliges légères dont les quatre côtés sont assemblés à queue d'hironde et collés. On obtient ainsi un tiroir pouvant descendre dans la malle et reposant sur deux tasseaux cloués à une hauteur telle que le bord supérieur du cadre dépasse de quelques centimètres le bord de la malle ouverte. Quand le couvercle est baissé, le cadre se trouve alors à la hauteur du couvercle et il n'y a pas de place perdue. Le fond de ce tiroir est constitué par une série de rubans de toile cloués aux côtés à l'aide de *semence de tapissier* et s'entrecroisant. Enfin les poignées permettant d'enlever et de remettre ce compartiment en place sont faits de ces mêmes rubans.

Une malle de la dimension qui vient d'être indiquée, construite avec soin, avec de bons matériaux coûte, dans un bazar ou chez un layetier, une trentaine de francs. En la construisant soi-même, la dépense peut-être évaluée à 12 francs, qui se décompose comme suit :

32 mètres de volige à 0 fr. 15 le mètre...	4 fr. 80
8 mètres de feuillard à 0 fr. 08.........	0 fr. 65
Serrure et moraillon deux poignées, charnières, vis	3 fr. 75
Peinture, vernis, colle-forte, pointes, rubans	2 fr. 80
Total.............	12 fr. » »

On réalise donc une économie très sérieuse en consacrant ses loisirs à une construction de ce genre, qui ne présente aucune difficulté particulière, lorsqu'on a acquis l'habileté voulue pour réussir le dressage des bois et leur ajustage.

Chalet pour lapins. — C'est surtout quand on habite la campagne qu'il est utile de savoir quelque peu travailler le bois. Si l'on n'a pas toujours l'occasion de fabriquer des objets neufs, on a très souvent, en revanche, des réparations à effectuer aux locaux, et il est bon que le maniement des principaux outils ne vous soit pas complètement étranger. Dans bien des circonstances, on économisera la main-d'œuvre et la présence d'un ouvrier, et si l'on est habile, on pourra édifier sans grandes dépenses une foule de construction en bois dont on a reconnu le besoin : râteliers pour animaux, nichoirs, colombiers, poulaillers, pièges pour animaux nuisibles, portes de basse-cour ou de grenier, etc. Voici d'autre part la description d'un modèle très pratique de clapier (loges pour lapins), et pouvant trouver place dans les jardins les plus exigus de la banlieue des grandes villes.

Les matériaux à employer sont des morceaux de branches bruts, coupés aux différentes longueurs nécessaires, et auxquels on laisse l'écorce, de manière à donner un aspect rustique à la construction.

Supposons que l'on veuille répartir les animaux en quatre loges séparées pour séparer les sujets selon leur sexe et leur âge : il faudra prévoir quatre compartiments et donner à l'habitation, qui pourra affecter la forme d'un chalet, 1 m. 50 de haut, 1 m. 60 de long et 0 m. 80 de large. La surface totale des deux planchers atteint 5 mètres carrés ; on voit qu'il est possible de loger un certain nombre de pensionnaires dans cet emplacement. Le volume de la construction sera de 2 mètres cubes ; comme elle sera divisée en quatre loges séparées, ces loges mesureront donc 0 m. 80 de long, 0 m. 80 de large et 0 m. 65 de haut, le chalet devant être monté sur quatre pieds surélevant un peu le plancher de l'étage inférieur au-dessus du sol.

On taille d'abord six morceaux de 1 m. 50 de long, pour constituer les montants verticaux de la construction, et neuf morceaux de 0 m. 80, que l'on refend en deux sur leur longueur pour en faire des demi-cylindres. Afin d'avoir une charpente solide, il convient d'employer des bastins de 4 à 5 centimètres d'équarrissage, pour faire trois cadres de 1 m. 60 sur 0 m. 80, séparés par un espace de 0 m. 60, et placés ainsi l'un au-dessus de l'autre. Ces cadres ont pour but de réunir les montants verticaux de la cabane, lesquels sont écartés, sur chaque façade, de 0 m. 80 ; ils sont ensuite dissimulés et recouverts par les morceaux refendus de bois rustique qui laissent à la construction l'aspect particulier qu'elle doit avoir une fois terminée. Le premier cadre, celui du bas, doit se trouver à 0 m. 20 du sol ; les deux montants du milieu, ne commençant qu'au niveau de ce cadre, dépasseront donc le cadre supérieur de 0 m. 20.

La charpente solidement assujettie et clouée sur ses quatre côtés, on prépare la charpente du toit, lequel doit dépasser dans tous les sens pour protéger les habitants de la cabane contre la pluie, si ce chalet est, comme c'est probable, placé en plein air. La toiture sera donc faite de deux cadres de 0 m. 90 de côté, consolidés dans un sens par quatre chevrons parallèles, et elle sera fixée de manière à constituer deux plans inclinés, à droite et à gauche des montants du milieu de la façade. Cette carcasse, une fois mise en place, sera recouverte de papier bitumé de bonne qualité cloué sur les chevrons ; on disposera deux réglettes clouées à intervalles réguliers, par dessus cette couverture pour la relier fortement à la charpente ; ces réglettes seront peintes à l'huile pour ne pas pourrir à la pluie. Le toit débordera ainsi la construction de 10 centimètres tout autour.

Avant de le mettre définitivement en place, il faudra s'occuper du revêtement des quatre côtés de l'habitation et de la préparation des planchers. Les deux longs côtés seront fermés simplement avec des grillages à mailles de 4 centimètres, bien tendu et cloué aux montants et aux cadres. Quant aux côtés, on les fera en simples voliges clouées, en ayant soin de ménager des ouvertures de 0 m. 35 de haut et 0 m. 22 de large, à la hauteur des deux cadres et sur chacun des petits côtés ; ces ouvertures, qui se fermeront à l'aide de panneaux glissant entre des coulisses, serviront de portes pour introduire ou retirer les lapins, leur donner leur nourriture et leur litière, les nettoyer, etc. Ces panneaux à coulisse sont le système de fermeture le plus simple, mais on peut leur substituer, avec un peu plus de travail, des volets montés à charnières et se rabattant comme des persiennes ordinaires, volets qui peuvent être fermés et munis de cadenas.

Il ne faut pas oublier d'établir, aux deux étages de la construction, des séparations en planches divisant la cage en quatre compartiments distincts : deux par étage. On accède donc à chacun de ces compartiments par les portes ménagées dans chaque façade opposée. Les planchers seront formés de simples planches posées sur des traverses. Pour éviter leur rapide destruction par l'urine des lapins qui les pourrirait, le mieux est de le recouvrir de plateaux de zinc (comme les cages d'oiseaux), sur lesquels repose la litière. On suit l'ordre que voici pour le montage, lorsque les différentes pièces sont préparées : 1° pose des montants, fixés aux cadres horizontaux ; 2° agencement des séparations intérieures ; 3° des planchers des quatre loges ; 4° des deux petits côtés avec les portes ; 5° des grands côtés en grillage ; 6° de la toiture.

Il entre dans cette construction 24 mètres de volige de 0 m. 20 de large, 18 mètres de bastins, 3 mètres de carton bituminé, 4 plaques de zinc de 0 m. 80 × 0 m. 80 et 1 millimètre d'épaisseur, 7 mètres de grillage de 0 m. 60 de large, enfin 25 mètres de branches ou morceaux avec leur écorce, employés pleins ou refendus ; le tout représente une dépense d'environ 14 francs pour laquelle on peut édifier un logement suffisant à une vingtaine de sujets.

CHAPITRE VI

LE DÉCOUPAGE DU BOIS

Jusqu'à présent, nous nous sommes exclusivement occupé des travaux de menuiserie proprement dits, et dans lesquels la scie n'intervient que pour débiter les différentes pièces entrant dans la composition d'un objet donné. On a vu, qu'en réalité, ces travaux se réduisent à un petit nombre d'opérations toujours les mêmes : raboter les planches, les planer, dresser à l'équerre, percer au vilebrequin, creuser au bédane et profiler à la scie, puis préparer les assemblages, ajuster les pièces et les coller ou clouer. Dans le présent chapitre, nous parlerons d'une variété de travaux dérivant des précédents, et pour lesquels on met en œuvre les différentes essences de bois indigènes et exotiques dont la liste a été donnée plus haut. Nous voulons parler du découpage artistique du bois qui consiste à enlever, dans des planches relativement minces, en suivant les contours d'un dessin préalablement tracé sur le bois, toutes les parties excédentes, de manière à obtenir une pièce ajourée de toutes parts et représentant un sujet déterminé.

Le découpage peut avoir un double but pour l'amateur, qui songe à l'utiliser : d'abord un pur agrément quand on recourt à ce procédé pour fabriquer des bibelots destinés à orner une étagère, puis l'avantage de pouvoir établir à bon compte un objet d'usage courant, un petit meuble d'aspect absolument artistique. Le découpage peut être fait soit *en plein bois*, soit *en relief*, selon le but que l'on poursuit.

Choix du bois à employer. — Pour ce genre particulier de travail, on prend de préférence un bois dur, ou ayant les veines très serrées, comme le noyer, le poirier, le palissandre, l'acajou parmi les bois foncés, l'érable, le sycomore, le marronnier parmi les bois blanc, et plutôt que le sapin ou ses diverses variétés. L'amateur doit se méfier du chêne et du hêtre qui lui réserveraient, au début, plus d'un mécompte. Le premier surtout, assez dur à découper, est très fragile, aussi, lorsque le dessin que l'on veut reproduire présente quelque complication, est-il plus avantageux de recourir au noyer ou au bois blanc, auquel on donnera par la suite une teinte chêne clair ou vieux chêne à l'aide d'une teinture du genre de celles indiquées au chapitre IV.

L'épaisseur du bois varié selon le genre d'opérations que l'on entreprend ; toutefois il faut éviter, pour la fabrication des objets de simple ornementation, tels que corbeilles, étagères, cadres à photographies, etc., d'employer des planches d'une trop grande épaisseur, car le découpage serait lourd et paraîtrait bien moins gracieux et agréable aux yeux. Voici donc quelques indications générales à ce sujet :

Étagère, dessin simple et peu compliqué : bois de 8 à 10 millimètres.

Étagère, dessin fin et complet, épaisseur de 4 à 6 millimètres.

Cadres pour petites photos : 3 à 5 millimètres, selon que le dessin comporte plus ou moins de fioritures et d'enjolivements.

Grande corbeille : 4 à 5 millimètres.

Petite corbeille : 2 à 4.

Il existe plusieurs manières de tracer sur le bois le dessin que l'on projette de découper. Le plus simple est certainement le meilleur pour les amateurs qui ne possèdent que des notions sommaires de dessin, consiste à coller sur la planchette la feuille de papier portant le modèle.

L'opération du collage du dessin sur le bois demande beaucoup plus de soin et d'attention qu'on ne lui en accorde généralement ; c'est qu'en effet on prévoit rarement les inconvénients qui peuvent résulter de la dilatation du papier sous l'influence de l'humidité de la colle, et pourtant ces inconvénients ne manquent pas d'une certaine gravité. Les précautions les plus minutieuses, dont on se dispense avec tant d'insouciance, seraient déjà justifiées par la nécessité d'éviter les plis et les boursouflures qui se produisent alors et qui déforment l'ensemble et les détails du dessin, surtout lorsqu'il s'agit de feuilles d'une certaine dimension.

Toutes les colles sont bonnes à employer ; cependant nous ne nous servons que de gomme arabique, très propre, très limpide et plutôt légère qu'épaisse ; pour les grandes surfaces seulement, nous la remplaçons par la colle de farine ou d'amidon très claire. Mais la gomme arabique a sur toutes les autres colles un avantage précieux, c'est d'être toujours prête à servir ; elle ne se corrompt pas, on l'a dans un petit flacon peu embarrassant, toujours à la portée de la main ; sur les bois foncés, il est même difficile d'opérer autrement. La meilleure manière de préparer la colle est de la faire dissoudre à chaud dans l'eau, et, tandis qu'elle est encore bien chaude, de la filtrer en la passant au travers d'un linge mouillé ; il faut l'employer très claire pour le collage des dessins sur le bois.

On commencera donc par enlever avec des ciseaux le plus possible de papier blanc autour du dessin et, le plaçant sur le bois, on tracera sur celui-ci, au crayon, les contours du morceau de papier. Ici déjà il faut apporter un peu de raisonnement à ce que l'on fait et observer dans quel sens le fil du bois devra se trouver, par rapport au dessin ; en règle générale, les fibres du bois devront s'étendre parallèlement à la plus grande longueur de la pièce, mais cette règle est susceptible d'exceptions ; elles auront leur raison d'être, soit dans la forme de l'objet, soit dans la contexture du bois mis en œuvre.

L'emplacement choisi et indiqué par un trait de crayon sur la planchette, on procédera au collage *en mettant la colle sur le bois, et jamais sur le papier.*

Il importe avant tout que cette opération se fasse promptement, sans hésitation et sans à-coup ; il faut donc avoir soin de disposer avec ordre, autour de soi, tout ce dont on aura besoin pour l'exécuter.

Aucun désagrément n'est à appréhender en mettant la colle sur le bois ; la couche étendue avec soin, c'est-à-dire aussi mince et égale que possible, on y appliquera le papier en commençant par le milieu, et en le laissant retomber doucement à droite et à gauche sur le bois ; on pose alors dessus une feuille de papier propre et sèche, et l'on passe sur tout le plat de la main pour bien égaliser la surface.

En opérant ainsi, il ne se forme aucun pli, puisque le dessin est sec ; s'il se produisait quelques petites ampoules ou de légers manques d'adhérence, il n'y aurait pas à s'en préoccuper ; ils disparaîtront quand le tout aura séché ; l'essentiel est que les bords soient bien collés sur tout le pourtour du papier.

Il arrive très souvent que l'humidité de la colle fait *gauchir* le bois, et cela, que la colle ait été mise sur le papier ou sur le bois. Le remède à cet inconvénient est de faire sécher sous presse ; ceci est toujours et quand même une excellente précaution ; et pourtant nous avons vu parfois qu'elle ne servait de rien, et que la surface du bois n'en était pas moins courbée et légèrement convexe du côté du dessin, quand on le sortait de la presse.

Il faut donc mettre d'abord le moins de colle possible, pour ne pas trop humecter le bois ; ensuite, un moyen qui nous réussit parfaitement, et qui a l'avantage de supprimer la presse, consiste à mouiller la planchette, du côté opposé à celui sur lequel le dessin est collé, à l'aide d'une éponge imbibée d'eau, mais en ayant soin de ne mouiller ainsi que d'une valeur à peu près égale à celle dont la couche de colle l'a humectée. Ainsi sollicitée sur ses deux faces, la planche reste plane et elle sèche sans se courber, même sans être mise sous presse.

Décollement du dessin. — Nous pouvons terminer en parlant du *décollage*, qui doit être fait plus tard, quand la pièce est découpée et que le papier est, naturellement, resté sur toutes les parties épargnées par la scie.

Quelques-uns l'enlèvent à l'aide de papier de verre promené horizontalement sur le découpage avec un polissoir ; ce moyen est un peu long, mais surtout il est dangereux pour les parties finement découpées ; il a l'avantage cependant de polir le bois, en vue du vernissage, en même temps qu'il le débarrasse du papier. D'autres personnes mouillent légèrement le papier et l'enlèvent dès qu'il se détache ; c'est encore la façon d'opérer la plus expéditive, et c'est celle qu'il convient d'employer, en prenant grand soin de ne mouiller le papier qu'avec une très faible quantité d'eau mise au bout du doigt afin d'éviter de faire gondoler le bois.

Méthode pour décalquer un dessin. — Pour les bois blancs ou de teinte claire, on peut décalquer le dessin directement sur le bois, en interposant entre le bois et la feuille sur lequel est le dessin un papier poncif, noir ou de couleur, que l'on trouve chez tous les papetiers ou que l'on prépare soi-même avec de la sanguine, de la mine de plomb ou du noir de fumée humecté d'huile. On étend la poudre colorée sur le papier à l'aide d'un petit tampon.

En possession de cette feuille noircie ou

rougie, on l'intercale sous le dessin, le côté coloré appliqué du côté du bois ; le dessin est fixé au bois par de petites pointes où il est collé. A l'aide d'une pointe émoussée, en acier ou en os, ou même avec un crayon, on suit tous les contours du dessin en appuyant légèrement : ces contours se trouvent décalqués sur la planchette. Il est indispensable, il est à peine besoin de le faire remarquer, de suivre très exactement tous les traits pour ne pas dénaturer le modèle.

Si l'on exécute un objet composé de plusieurs pièces et que l'assemblage n'ait pas été préparé d'avance (par exemple une corbeille ou un coffret), il est bon, avant de commencer le découpage, de s'assurer au compas de leurs dimensions exactes surtout si le dessin a été collé sur le bois, le papier ayant pu se distendre. En général, il faut laisser les morceaux un peu forts, en suivant les traits extérieurs en dehors, sauf à ajuster ensuite avec la lime.

Cette opération préliminaire du tracé du dessin à reproduire une fois terminée, on se procure un porte-foret à hélice, ou *drill*, afin de percer, partout où c'est nécessaire, des trous dans les vides du dessin afin de permettre d'introduire la lame de la scie. Au lieu d'un porte-foret, on peut encore percer ces trous sur le tour, ce qui est plus expéditif, ou avec un archet de serrurier. De toute façon, ces trous doivent être percés dans les angles plutôt qu'au milieu d'un grand trait ; ils peuvent être également pratiqués dans les vides qui doivent disparaître de la pièce découpée.

Outillage pour découper. — Le découpage du bois s'opère à l'aide de petites scies à lame

étroite et denture très fine, mesurant environ 15 centimètres de longueur ; il a plusieurs numéros de grosseur, et l'amateur doit faire son choix en raison du travail à exécuter. Avec une denture forte, on avance plus vite, mais, si le dessin est fin, l'exécution laisse alors forcément à désirer et n'est pas si régulière qu'avec une denture plus fine. La scie doit être presque carrée, c'est-à-dire aussi large qu'épaisse, afin de pouvoir tourner plus facilement, ce qui est indispensable surtout dans les angles.

La lame de scie est maintenue entre les branches parallèles d'un cadre en fer, muni de pinces de serrage et d'une poignée placée dans le prolongement de la scie. Cet outil est

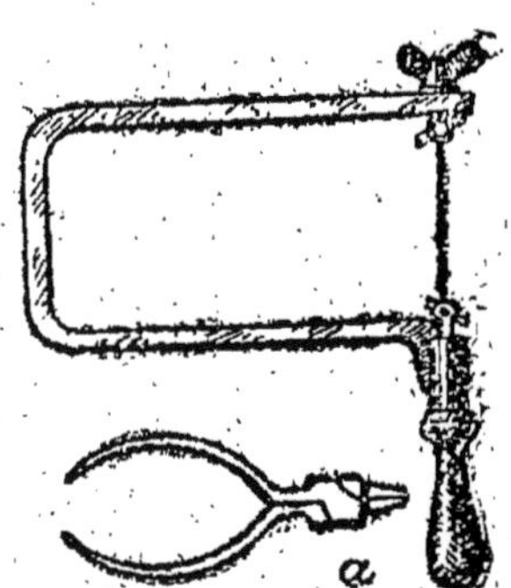

Fig. 88 et 89. — Boifil — *a*. Pince plate pour serrer et desserrer les écrous.

connu sous le nom de *bocfil* ; il est d'un usage assez difficile pour les débutants, et est évidemment inférieur à tous points de vue à la plus simple machine à découper. Il faut exactement régler la tension à donner à la lame :

si celle-ci n'est pas suffisant, le découpage n'est pas régulier, si la lame est trop tendue, elle peut casser net. Enfin le plus sérieux inconvénient du porte-scie à main réside dans la difficulté de maintenir la lame bien perpendiculaire pour que le trait de scie soit donné à l'équerre et que le sciage soit opéré bien d'aplomb, sans quoi le dessin serait déformé sur la face inférieure. C'est pourquoi la machine *à ressort*, fonctionnant à la main, constitue un très sérieux perfectionnement sur le bocfil ; sa partie essentielle est un bras élastique en acier assurant la parfaite rigidité de la scie, mais comme la mécanique présente d'incontestables avantages, on n'a pas tardé à améliorer encore ce dispositif un peu primitif et à construire des machines à découper fonctionnant au pied et qui, tout en étant beaucoup moins fatiguantes à manœuvrer donnent des résultats incontestablement plus réguliers à tous points de vue.

Parmi les machines de ce genre, dont il existe aujourd'hui de très nombreux modèles présentant des avantages variés, on remarque tout d'abord deux catégories principales : les machines à pédales simples, et celles à pédales et à volants. Dans les deux séries, le mouvement est donné avec les pieds, de sorte que les mains sont entièrement libres pour manœuvrer la pièce soumise au découpage, lequel s'effectue avec une absolue précision et moins de fatigue, ce qui est un très sérieux avantage, surtout lorsqu'il s'agit de panneaux d'une certaine longueur, comme sont par exemple les grands côtés d'une étagère ou d'une bibliothèque.

Mais la machine qui fournit le travail le

plus régulier, c'est incontestablement le modèle dit *à mouvement rectiligne*, dans lequel la lame de la scie, tout en fonctionnant, demeure bien verticale, grâce à deux ressorts à boudin dont est muni le porte-lame, supérieur et à un système particulier de guide disposé à la partie inférieure. Les machines sans volants ont, d'autre part, l'avantage de pouvoir s'arrêter presque instantanément, ce qui permet de demeurer plus maître de son trait de scie. Avec ces machines, on agit de la même façon qu'avec le bocfil, c'est-à-dire que l'on introduit la lame de scie dans chacun des trous percés à l'avance, mais l'opération est infiniment plus facile, puisqu'on a les deux mains libres pour guider la planchette pendant le travail.

Exécution du travail. — Quel que soit l'outil employé, on découpe en partant des trous intérieurs pour finir par le tour. On peut à volonté commencer par le milieu ou par un bord, mais il faut avoir soin, quand il y a un grand vide, de découper auparavant tous les vides de

Fig. 90. — Sens de marche de la lame de scie (dans le sens de flèche depuis le point noir central).

moindre dimension qui, une fois enlevés, se trouveraient isolés, autrement on s'exposerait à casser.

L'amateur doit s'appliquer à suivre très exactement les traits du dessin et surtout produire des angles parfaitement nets. Trop souvent on ne donne pas le coup de scie assez à fond, on tourne trop vite et le travail est médiocre. Il est cependant un moyen bien simple d'éviter ces défectuosités. Il consiste à tourner la scie sur place lorsqu'on doit la faire repartir dans un sens contraire à celui suivi jusqu'en ce point. D'ailleurs, quand on se sert de scies très fines, on peut tourner presque sur place, surtout si la lame est carrée, ainsi que nous l'avons expliqué un peu plus haut.

En ce qui concerne le montage, nous dirons qu'il y a deux moyens de préparer les pièces, de les assembler et les monter, soit au rabot, soit à la lime. La préparation à l'aide du rabot s'opère ordinairement sur le bois plein, avant le découpage, car, en agissant ainsi, on n'a pas à redouter la casse ; les coupes étant faites bien régulièrement, la colle forte prend mieux, enfin s'il arrive un accident on ne perd qu'un morceau de planchette.

Si l'on veut monter à la lime un objet découpé, il est bon de placer en dessous une petite planchette sur laquelle on le fixe au besoin avec quelques pointes à placage. On peut également se servir d'un petit étau mobile ou petite presse facile à établir, car elle ne se compose que de deux planches, l'une plate à sa partie supérieure, l'autre taillée en biseau. Ces deux parties peuvent être garnies d'une petite bande de fer, afin d'être protégées contre le frottement de la lime. Les deux planches sont réunies par des écrous à oreilles disposés aux quatre angles ; la pièce à travailler aura comme largeur maximum l'écart entre les écrous opposés. En serrant ceux-ci, la pièce étant placée entre les deux planches, on obtient un bloc inébranlable et on peut passer la lime.

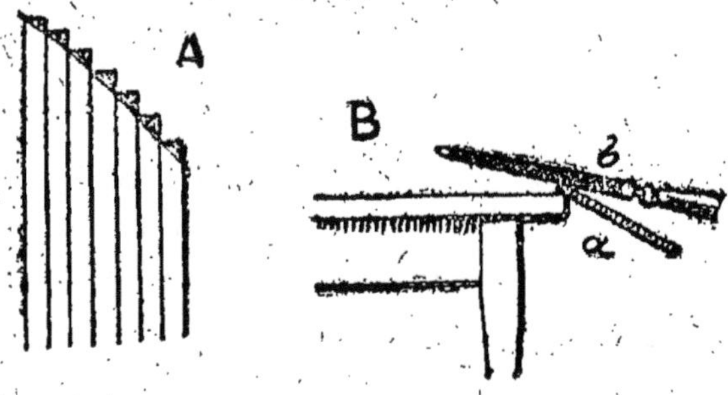

Fig. 91 et 92. — *A.* Superposition des planchettes. *B.* Abatage de tous les biseaux simultanément. *a.* Planchettes — *b.* Râpe.

Le découpage étant terminé, on décolle le papier sur lequel était tracé le dessin, puis on passe le papier de verre pour obtenir le poli et on enlève avec une lime fine ou la pointe d'un canif, les bavures produites par la scie à l'envers du découpage, puis on procède au montage et à l'assemblage des pièces.

Montage. — Supposons qu'il s'agisse d'une corbeille composée d'un certain nombre de côtés. Pour les relier, il faut employer de la colle-forte de Givet de première qualité, chaude et très claire, surtout pour les objets en bois blanc ; les colles-fortes à froid sont

plus lentes à prendre et ont bien moins de
solidité.

Il serait imprudent de coller d'abord tous
les côtés ensemble et de placer le fond ensuite ; il vaut mieux coller d'abord deux côtés,
les fixer avec le fond à l'aide d'un petit fil
de fer tel que celui dont les fleuristes font
usage, enduire de colle les côtés à juxtaposer
et placer le troisième côté que l'on met en
place en le fixant avec un fil de fer comme
les précédents, et ainsi de suite. On ne saurait trop recommander de bien vérifier les
dimensions de chacun de ces côtés avant de
l'encoller. Il faut d'abord le présenter et, s'il
y a lieu, donner une petite retouche, soit au
côté soit au fond. Il est bon, quand on procède
au montage d'un objet de ce genre, compor-
tant de nombreux morceaux, de ne pas inter-
rompre le travail lorsqu'on est au tiers ou à
la moitié du travail, car, en raison du peu
d'épaisseur du bois, les pièces posées pour-
raient se gauchir, soit à l'intérieur, soit au
dehors et lorsqu'on voudrait reprendre l'opération, on se trouverait fort embarrassé, vu
l'impossibilité où on se trouverait de les re-
dresser sans les briser. Les côtés de la corbeille étant ainsi tous ajustés, il faut laisser
bien sécher avant d'enlever les fils de fer.

Au cas où l'assemblage serait opéré par
tenons et mortaises, il faudrait observer de
laisser toujours les tenons un peu plus forts
qu'ils ne sont indiqués sur le dessin, et au
contraire de faire les mortaises plus petites
en suivant le trait en dedans ; l'ajustage
s'exécute ensuite à la lime comme il a été dit.

Vernissage. — Si l'on veut vernir l'objet

découpé, il ne faut ercourir qu'au vernis au tampon et non au vernis copal. L'opération est plus longue, mais le résultat est beaucoup meilleur. Le vernissage doit avoir lieu avant le montage.

Dernière main à l'ouvrage. — Le montage une fois achevé, il faut, au moyen d'une petite lime très douce, puis du papier de verre, nettoyer les angles, abattre les petites défectuosités de l'ajustage en un mot donner cette dernière main dont on ne peut expédier tout le détail, et qui ajoute beaucoup à la valeur d'un objet.

Si les pièces ont été d'avance vernies au tampon, on donne un léger coup sur les angles.

Dans le cas contraire, on vernit au pinceau en donnant trois couches, et en ayant la précaution de bien laisser sécher chaque couche ; il ne faut mettre que très peu de vernis au pinceau, pour ne pas empâter. Mais, quelle que soit la qualité du vernis au pinceau, avec quelque soin qu'on le pose, jamais on n'obtiendra par ce procédé, la beauté du vernis au tampon.

En définitive, si le montage présente quelques difficultés, c'est aussi dans cette opération que l'on trouve le plus de plaisir ; que les amateurs soient bien certains qu'ils ne trouveront jamais le temps long, à ce moment où ils verront leur œuvre s'édifier.

S'ils devaient pour cette dernière opération avoir recours à un ouvrier, le but serait complètement manqué.

Méthode pour découper en double. — Lorsque l'on veut découper un objet composé de

plusieurs parties semblables, comme les pans
d'une corbeille, les côtés d'une boîte, on peut,
suivant l'épaisseur du bois que l'on emploie,
découper plusieurs morceaux ensemble ; c'est
ici surtout que les scies mécaniques sont avan-
tageuses, d'abord parce que l'on peut opérer
sur une plus grande épaisseur, sans fatigue,
ensuite parce que l'on est certain que le morceau qui est dessous est aussi bien fait que
celui qui est dessus, tandis qu'avec la scie à
main, il faut être de première force, si on
découpe quatre ou cinq plaques de 2 millimètres, pour que toutes soient faites aussi
régulièrement, surtout si le dessin est un peu
fin.

Il y a divers moyens pour tenir réunies les
pièces que l'on veut découper en double ou
en triple.

Si le bois a 3 ou 4 millimètres, on peut se
servir de pointes à placage que l'on enfonce
de manière à traverser tous les doubles et
que l'on rive en posant une des extrémités
sur un morceau de fer et en frappant sur
l'autre ; nous recommandons de cirer les
pointes pour les empêcher de fléchir.

On peut aussi, au moyen d'un foret très fin,
percer deux trous séparés l'un de l'autre par
5 à 6 millimètres et y passer un fil de fer
de fleuriste que l'on maille à la partie supérieure. Ce système a, malheureusement, un
inconvénient : celui d'exposer l'amateur à se
piquer les doigts en travaillant.

On peut aussi, il est vrai, réunir les pièces
au moyen de colle forte.

Mais quel que soit le système que l'on emploie, on doit commencer par coller ou décal-

quer le dessin sur une des planchettes à découper ; si l'assemblage a été fait d'avance, il faut avoir soin de superposer les pièces bien régulièrement, et on les assemble, comme il vient d'être dit, en plaçant toujours les pointes d'attache dans les parties du dessin qui doivent s'enlever ; on découpe d'abord tous les trous qui ne renferment pas d'attache, et on finit par ces derniers ; il est prudent, lorsque l'on arrive aux deux derniers, de maintenir les pièces réunies au moyen d'un simple fil faisant deux ou trois lacets.

Quand le découpage est terminé, si on a employé la colle, il faut séparer les pièces avec précaution, en passant entre elles une fine lame de couteau, car il pourrait y avoir encore des parties adhérentes, et l'on s'exposerait à casser.

Découpages appliqués. — Le découpage peut être fait simplement en bois, comme dans une étagère ou une petite corbeille, mais on peut encore l'employer autrement.

Appliquer bois sur bois. — C'est ainsi que l'on obtient de très jolis effets, en appliquant un découpage de bois blanc, marronnier ou érable, sur le bois brun rouge des boîtes à cigares. Par ce moyen, on imite les objets suisses, pour coffres, couteaux à papier, écrans, boîtes à plumes ou à allumettes.

On peut également faire des applications chêne sur chêne.

On obtient encore de très jolis effets par des appliques de bois noir sur vieux chêne.

Comme on n'a pas toujours à sa disposition du bois noir de l'épaisseur voulue ou du vieux chêne, on peut teinter le bois, une fois le découpage terminé.

Appliquer le découpage sur papier ou sur velours. — Un autre procédé, qui réussit également très bien, consiste à doubler le découpage, soit avec du papier drap vert, soit avec du velours, de la soie ou du papier velouté.

Le chêne ou le noyer appliqués sur drap vert sont d'un effet très riche ; le bois blanc sur papier velouté bleu de ciel est très frais.

On peut également faire des appliques de métal sur bois foncé, tel que palissandre, ébène ou vieux chêne.

Pour faire ces diverses appliques, si c'est une boîte que l'on veut exécuter, on commence par monter le corps de la boîte en bois plein, puis on fixe à la colle forte le papier et le découpage. On doit employer la colle très claire, et l'étendre soigneusement avec un petit pinceau sur la pièce découpée ; si la couche était trop épaisse, on s'exposerait à produire des bavures et des taches sur le papier ou l'étoffe. On devra également prendre de grandes précautions pour que le découpage se trouve de prime abord en place, dès qu'il a touché le papier. Afin que la colle qui a pu se dessécher en raison du temps pris pour l'étendre bien également prenne partout, il est nécessaire d'employer la colle chaude et la presse.

Les découpages peuvent encore être employés pour préparer les transparents et faire des encadrements de lithophanies ou autres objets du même genre, auxquels ils ajoutent un nouveau caractère artistique. Enfin, les pièces peuvent présenter différentes teintes s'harmonisant entre elles et leur donnant un tout autre aspect. Pour ces découpages polychromés, il faut se procurer l'outillage usité par les peintres : tubes de couleurs broyées à l'huile, deux flacons contenant, l'un de l'huile d'œillette, l'autre de l'essence de térébenthine, puis une palette en bois et des brosses.

On commence par appliquer sur le bois une première couche d'huile additionnée de litharge ou de siccatif imbibant largement tous les contours des découpages. Après séchage on donne une première couche de couleur blanc d'argent ou de plomb, teintée d'une pointe de vermillon ou d'outremer, suivant la nature de la décoration entreprise. Cette première couche très claire, recouvre à peine le bois ; elle est appliquée avec un pinceau à peine imbibé et qui ne laisse ni d'espaces ni de bourrelets de couleur sur les bords. Cette seconde couche, après dessication complète, est polie au papier de verre et prépare l'application des couleurs successivement appliquées ; elle permet de leur donner un support solide et de les employer plus épaisses, en distinguant par des nuances diverses les motifs de l'ornementation. Il n'y a pas de bigarrures et c'est à peine si l'on aperçoit qu'on passe d'une nuance à une autre, les teintes étant bien fondues. A distance, l'effet est très remarquable, surtout après l'application d'un vernis destiné à brillanter les couleurs.

« Nous avons vu dans l'atelier d'un amateur, a écrit M. Carante, divers produits qui, sans être similaires, se distinguaient les uns des autres par la manière dont ils avaient été préparés et la façon d'opérer dans le polychromage. Cet amateur donnait aux découpages par teintes mates, les apparences du plâtre, du stuc, de la cornaline, du bronze, etc. Mais ce qui nous a le plus intéressés, ce sont les procédés permettant de donner du relief aux ornements du découpage. Tantôt il procède comme pour les grisailles : c'est une teinte indécise relevée par des ombres qui accentuent les contours et les détails de l'ornementation. Tantôt il procède d'après nature, c'est-à-dire qu'il donne aux objets leur couleur naturelle en les parsemant d'ombres et de lumières pour faire valoir les reliefs et les contours. Si c'est une fleur, on la dirait cueillie et plaquée ; si c'est une branche avec ses feuilles, on la croirait accrochée et placée dans un cadre. Les effets obtenus peuvent ainsi être très variés. En dernier lieu, l'artiste nous a montré un morceau de découpage peint en vieux chêne ombré et simulant à s'y méprendre une sculpture, tant et si bien étaient simulés les reliefs par des ombres intelligemment appliquées sur le bois ». (1)

Incrusta « Marmor ». — On a désigné sous ce nom un nouveau procédé de décoration qui complète le découpage du bois de la manière la plus heureuse, en donnant aux pièces un aspect tout nouveau. Ce procédé consiste dans le remplissage des vides d'un panneau découpé par un stuc spécial, se conservant en boîtes contenant chacune une couleur différente. Cette pâte acquiert en séchant une grande dureté, ce qui donne la possibilité de polir et

(1) *Les Industries d'amateurs*, p. 225. 2ᵉ édition. J.-B. Baillière et fils, éditeurs.

vernir la pièce une fois garnie. Les ressources de cette décoration polychrome sont inépuisables et se prêtent à une foule d'opérations. rations.

L'outillage pour l'exécution de ce travail est renfermé dans une boîte nécessaire contenant huit boîtes de poudres de couleurs diverses, des flacons d'huile, de vernis, de gomme, un pinceau, un couteau à boucher, un crayon à graver, une cale à polir, une palette en verre pour préparer la pâte, un couteau à palette, enfin des feuilles de papier de verre.

Il est indispensable de coller le panneau découpé sur un autre plein de même épaisseur et de bois plus commun, tous deux plaqués à contre-fil pour éviter le gondolage qui se produirait quand on viendrait à remplir les vides de pâte humide. Dans le cas où le panneau devra être vu des deux côtés une fois achevé, il faudra pouvoir le détacher de celui lui servant de support pendant le travail d'empâtage ; on y arrive en intercalant entre les deux pièces une feuille de papier assez épais ; des pesées faites entre les joints déchireront le papier et détruiront l'adhérence.

Avant de procéder au remplissage, on passe dans tous les vides du découpage un pinceau humecté d'eau gommée, afin d'enlever la poussière et la sciure pouvant être restées dans les interstices. On prépare ensuite le mastic, ce qui s'effectue en gâchant les poudres colorées contenues dans les boîtes, sur la palette avec aussi peu d'eau que possible et jusqu'à la consistance d'une pâte épaisse, qui est bonne à employer quand elle ne colle plus aux doigts. C'est avec le couteau à palette que l'on opère le malaxage. Lorsqu'on veut éclaircir une teinte, on incorpore de la poudre blanche ; pour la foncer, au contraire, on ajoute de la poudre noire. Le découpage peut être bouché à l'aide de teintes unies, principalement dans les motifs ornementaux ou de teintes marbrées pour les sujets. Par la combinaison de l'un ou de l'autre de ces procédés, on obtient une multiplicité d'effets infinie.

Les marbrures s'obtiennent très facilement dans le remplissage d'un même creux, avec plusieurs pâtes de teintes différentes. Le couteau à palette employé dans cette opération provoque par l'écrasement le mélange partiel des divers mastics et donne tous les accidents, veinures, dégradation de tous, cailloutis du marbre naturel, etc. Ici, bien entendu, et comme dans n'importe quel travail manuel, l'expérience est le meilleur des maîtres, et la période indispensable d'apprentissage et de tâtonnements une fois passée, chaque amateur trouve des tours de main et des procédés particuliers lui permettant d'obtenir avec une grande facilité tous les effets spéciaux inhérents à ce genre de mastics.

On emplit les vides du découpage à l'aide du couteau, en forçant le mastic à bien adhérer aux parois et en insistant avec la lame élastique jusqu'à refoulement du mastic. L'opérateur devra surtout s'appliquer à ne laisser subsister aucune surépaisseur, car cet excédent deviendrait, une fois sec, très long à enlever au ponçage. Si malgré tout, il restait un rebord de ce genre, il serait possible de le faire disparaître en tranchant horizontalement le mastic encore tendre, en se servant d'une lame bien coupante.

Il pourrait arriver que la composition ayant été faite et employée trop liquide, se retire en séchant et détermine des fissures, des fendillements, et même un décollage partiel des vides; c'est là une preuve certaine de la préparation défectueuse de la pâte, et on ne saurait trop insister sur la nécessité qu'il y a de n'employer que le moins d'eau possible. Cependant cet inconvénient peut être prévenu : il suffit d'appuyer fortement sur le mastic avant qu'il ne soit complètement sec, ou bien encore de reboucher les fissures soit avec le même ton dans le cas des applications unies, soit après les avoir retaillées au besoin avec un outil spécial, d'une teinte différente dans le cas de teintes marbrées.

Lorsque le mastic est complètement sec, il ne reste plus qu'à poncer bien à plat, avec du gros papier de verre maintenu sur un tampon de bois, à reboucher les creux pouvant exister, puis poncer au papier de verre fin et à l'huile, enfin vernir soit au tampon, soit au vernis au pinceau, bien que l'effet de ce dernier soit inférieur. Pour le vernissage au tampon, un ponçage parfait du bois s'impose, autrement les moindres défauts apparaissent et peuvent compromettre et même en gâter entièrement l'aspect.

Un morceau de tricot de laine constitue le tampon, un bout de toile usé lui sert d'enveloppe. Le panneau, après le ponçage, huilé et bien essuyé, est prêt à être verni. Pour cela après avoir versé du vernis dans le tampon et graissé son enveloppe d'une goutte d'huile, on le promène sur le panneau, en décrivant des cercles s'entrecroisant, et surtout *sans appuyer*. Il faut prendre bien soin de ne revenir que sur les endroits secs. Il ne faut pas laisser séjourner le tampon sur le panneau sous peine de produire une tache. On remet du vernis dans le tampon à mesure qu'il s'épuise et on graisse l'enveloppe d'une goutte d'huile à chaque fois. Vers la fin de l'opération, pour unir et sécher, on ajoute au vernis dans le tampon un peu d'alcool pur. Le vernissage est terminé quand le tampon ne *marque* plus ; il suffit alors de sécher avec du talc et de frotter avec la paume de la main pour obtenir un brillant superbe.

Les pièces tournées se marient très bien avec le découpage, mais souvent la difficulté de faire exécuter ces pièces par un ouvrier et leur prix élevé sont autant d'obstacles qui arrêtent l'amateur. Avec le découpage des pièces carrées, on obtient un effet même supérieur à celui du tour, et tout découpeur peut l'exécuter.

La marche à suivre est très simple, toutefois nous recommandons à l'amateur d'apporter une grande attention dans le collage du dessin de bord ; puis de suivre bien exactement le trait, faute de quoi l'harmonie est détruite, et c'est précisément ce qui fait le beau de ce genre de découpage.

La première opération consiste à faire une pièce de la longueur voulue, carrée comme une règle et à surface bien régulière, ayant environ 2 millimètres de plus en largeur que le dessein à découper et 2 à 3 centimètres de plus en longueur à chaque extrémité.

On calque le dessin en double en ayant soin de laisser 4 millimètres de séparation entre les deux dessins, le coller sans le séparer sur les faces GH, percer un trou au point A (fig. 00), pour passer la scie, qui se trouve en dehors du dessin, découper jusqu'au point B, retirer la scie. Par le trou C (fig. 00), découper jusqu'en D, puis recommencer la même opération sur la seconde face.

Comme on le voit, l'excédent de longueur aux deux extrémités sert à maintenir la pièce toujours droite, sans cela elle vacillerait et le découpage régulier serait impossible.

Les deux coups de scie étant donnés sur les deux faces, on enlève les deux extrémités suivant les lignes AF, CE, etc., puis on termine la partie supérieure à la lime.

Ainsi qu'on s'en rend compte tout de suite, ce découpage est très simple ; on ne peut s'empêcher cependant d'être surpris du résultat obtenu.

Sculpture. — La sculpture sur bois est un art qui demande un long apprentissage pour permettre d'atteindre des résultats satisfaisants ; nous n'en parlerons donc pas dans cet ouvrage élémentaire, et nous ferons simplement observer aux amateurs que souvent quelques coups de gouge ou de ciseau donnés à propos dans un objet découpé lui donneront plus de coup d'œil.

Les amateurs qui connaissent la sculpture pourront tirer un excellent parti de beaucoup de dessins, qui peuvent être exécutés en découpage simple, mais sont d'un effet bien supérieur en sculpture ; parmi ceux-ci nous citerons principalement les dessins où se trouvent des têtes ou des animaux.

Nous leur laisserons le mérite d'avoir fait

le relief selon leur imagination, mais ils comprendront combien on peut simplifier le travail en découpant à jour tous les creux que l'on n'obtient qu'avec peine et en appliquant le découpage sur un fond de même essence, tel que chêne sur chêne.

On peut aussi varier et avoir un joli effet, en appliquant un bois de teinte claire sur bois foncé.

FIN.

TABLE DES MATIÈRES

EXTRAIT DU CATALOGUE

ROMANS DIVERS

Chez tous les libraires : 0 fr. 30 — Franco-poste : 0 fr. 35

EXTRAIT DU CATALOGUE

ŒUVRES COMIQUES

ROMANS D'AVENTURES

Chez tous les libraires : 0 fr. 20 — Franco-poste : 0 fr. 25

EXTRAIT DU CATALOGUE

MANUELS UTILES

EXTRAIT DU CATALOGUE

PETITE BIBLIOTHÈQUE AGRICOLE PRATIQUE

Publiée sous la direction de J. RAYNAUD

Directeur de l'École pratique d'Agriculture de Fontaine
(Saône-et-Loire)

601 **J. Raynaud.** — Le Sol et les Engrais.......... 1 v.
602   —   Matériel et Travaux de Culture 1 v.
603 **L. George.** — Les Cultures et leurs Ennemis.. 1 v.
604 **A.-E. Hilsont.** — La Viticulture.............. 1 v.
605 **P. Granger.** — Le Jardin de la Ferme.......... 1 v.
606   —   Fleurs et Plantes d'agrément ... 1 v.
607 **Ch. Billon.** — Vins et Eaux-de-vie............. 1 v.
608 **Aug. Eloire.** — Le Cheval..................... 1 v.
609 **Ch. Seltensperger.** — Chevaux, Bœufs et Vaches 1 v.
610 **Ch. Rolland.** — Moutons et Porcs .... 1 v.
611 **Aug. Eloire.** — Les Maladies du Bétail........ 1 v.
612 **V. Houdet.** — Lait, Beurres et Fromages....... 1 v.
613 **R. Hommel.** — Manuel d'Apiculture............. 1 v.
614 **D. Zolla.** — Economie rurale.................. 1 v.
615 **P. Zipcy.** — Aviculture et Pisciculture....... 1 v.
616 **Amédée Gouillon.** — Législation agricole...... 1 v.

Un volume broché.......... 0 fr. 20
    —   cartonné .... 0 fr. 40

Franco poste, broché : **0 fr. 25** ; *cartonné :* **0 fr. 50**

EXTRAIT DU CATALOGUE

ROMANS DIVERS

EXTRAIT DU CATALOGUE

ŒUVRES DE MAYNE-REID

251	Les Pirates du Mississipi	1 vol.
252 253	Bruin, ou les Jeunes chasseurs d'ours.	2 vol.
254	Les Chasseurs du Limpopo	1 vol.
255 256	Gaspar le Gaucho	2 vol.
257 258	Les Chasseurs de scalps	2 vol.
259	Voyage à fond de cale	1 vol.
260	Les Chasseurs de plantes	1 vol.
261	Les Grimpeurs de rochers	1 vol.
262	Les Boërs Chasseurs d'ivoire	1 vol.
263	Les Vacances au désert	1 vol.
264	Les Chasseurs de girafes	1 vol.
265	Le Mousse de la « Pandore »	1 vol.
266	Épaves de l'Océan	1 vol.
267	La Corde fatale	1 vol.
268	La Montagne-Perdue	1 vol.
269	La Compagnie des Francs-Rôdeurs	1 vol.
270	A travers les Abîmes	1 vol.
271	Le Cheval blanc des Llanos	1 vol.
272	La Piste de Guerre	1 vol.

ROMANS ÉTRANGERS

351	A. Pouchekine. — La Fille du Capitaine.	1 vol.
352 353	Ch. Dickens. — Aventures de M. Pickwick	2 vol.
354	H. Sienkiewicz. — Bartek le Vitorieux.	1 vol.
355	— Une Idylle dans la Prairie.	1 vol.
356	A. Pouchekine. — Doubrovski ou le Brigand Gentilhomme.	1 vol.
	Miss Braddon. — *Le Mari de la Cléo :*	
357	Le Testament imprévu	1 vol.
358	Le Crime de la rue Gibber	1 vol.

Chez tous les libraires : **0 fr. 20** — Franco-poste : **0 fr. 25**

EXTRAIT DU CATALOGUE

ŒUVRES DE PAUL FÉVAL

ŒUVRES DE PAUL FÉVAL FILS

ŒUVRES DE CHARLES DE BERNARD

Chez tous les libraires : 0 fr. 20 — Franco-poste : 0 fr. 25

EXTRAIT DU CATALOGUE

LÉGISLATION

Les Codes Complets

LE VOLUME : 0 fr. 20 ; FRANCO-POSTE : 0 fr. 30

*Les 9 volumes reliés en un seul, toile rouge, 2 fr. 50 net;
franco poste ou gare, 8 fr. 20*

Lois Usuelles

Complémentaires des Codes. — Groupées dans l'ordre
alphabétique.

Suite des LOIS USUELLES : EN PRÉPARATION

LE VOLUME : 0 fr. 20 ; FRANCO-POSTE : 0 fr. 25

*Les tomes 1 à 8 reliés en un seul, toile rouge, 2 fr. 50 net;
franco poste ou gare, 3 fr. 20
Mêmes conditions pour les tomes 9 à 16.*

*Les 8 volumes reliés (Codes et Lois) sont adressés franco en
postal gare, contre la somme de 8 fr.*

EXTRAIT DU CATALOGUE

ŒUVRES DE FENIMORE COOPER

J.-B. WYSS

PAUL DE SÉMANT

Aventures de Dache :

THÉODORE CAHU

Chez tous les libraires : 0 fr. 20 — Franco-poste : 0 fr. 25

www.ingramcontent.com/pod-product-compliance
Ingram Content Group UK Ltd.
Pitfield, Milton Keynes, MK11 3LW, UK
UKHW021732090726
13657UKWH00002B/663